시간이 흐른다는 착각

JIKAN WA NAZESONZAISURUNOKA
©2024 NOBUO YOSHIDA
All rights reserved.
Original Japanese edition published in 2024 by SB Creative Corp.
Korean translation rights arranged with SB Creative Corp through Eric Yang Agency Co., Seoul.
Korean translation rights ©2025 by Moonhak Soochup Publishing Co., Ltd.

이 책의 한국어판 저작권은 EYA Co.,Ltd를 통한 SB Creative Corp과의 독점계약으로 (주)문학수첩이 소유합니다. 저작권법에 의하여 한국 내에서 보호를 받는 저작물이므로 무단전재 및 복제를 금합니다.

팽창하는 우주를 아우르는 어떤 방향성

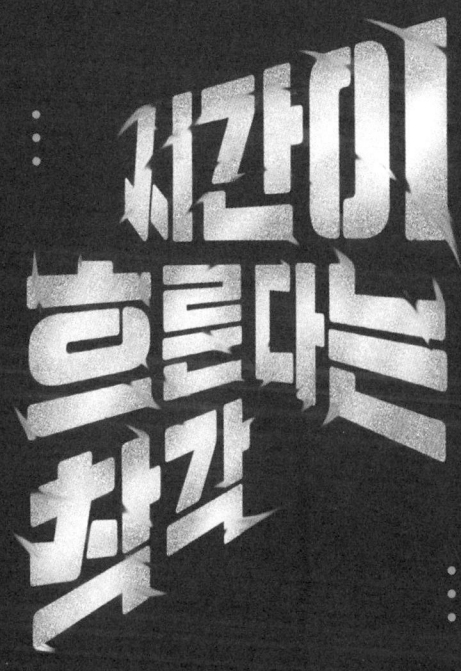
시간이 흐른다는 착각

요시다 노부오 지음

김정환 옮김 | 강형구 감수

⚐⚐ 문학수첩

머리말

아무것도 없는 곳에서도 시간은 흐를까?

'시간의 흐름이란 무엇일까?' 독자 여러분 중에도 이런 의문을 느꼈던 사람이 있을 것이다. '내가 태어나기 전에도 시간은 흐르고 있었을까? 죽은 뒤에도 시간은 계속 흐를까? 수백억 광년 떨어진 곳에서도 시간은 흐르고 있을까?' 먼 옛날부터 많은 사람이 이런 의문을 품어왔다.

고대의 철학자들을 고민에 빠뜨렸던 어려운 문제가 있다.

'아무것도 없는 곳에서도 시간은 흐르는가?'

아마도 많은 사람이 시간의 흐름을 변화와 결부시켜서 생각할 것이다. 무언가가 변화하고 있을 경우, 여기에 시간의 흐름이 있다고 생각하는 것이 일반적이다. 시간이 흐르기에 변화가 일어나며, 변화가 있다는 것은 시간이 흐른다는 증거라는 사고방식이다.

그렇다면 그 어떤 물질도 존재하지 않는, 따라서 어떤 변화도 일어날 수 없는 장소의 시간에 관해서는 어떻게 생각해야 할까? 예를 들면 우주 공간은 어떨까? 태양으로부터 1광년(약 10조 킬로미터로, 태양에서 해왕성까지의 거리의 약 2,000배)쯤 떨어진 곳은 완전한 진공이라고 불러도 이상하지 않을 만큼 아무것도 없지만, 그럼에도 희박한 양의 가스가 떠돌고 있다. 부피 1세제곱미터의 공간에 원자 100만 개 정도는 존재하는 것이다. 그러나 은하계(우리은하)에서도, 안드로메다은하 등 다른 은하로부터도 멀리 떨어진 지점에는 1세제곱미터에 평균 몇 개 정도의 원자밖에 존재하지 않는다. 몇 미터 범위에 원자가 단 1개도 존재하지 않는 영역 또한 있을 것이다. 이처럼 원자가 없다면 시간의 흐름도 없는 게 아닐까?

멀리 떨어져 있는 은하가 보인다면, 그것은 설령 원자가 없더라도, '빛이 전달된다'는 물리적인 변화가 일어나고 있다는 의미다. 그렇다면 시간이 흐르고 있다고 생각할 수 있을지 모른다. 그러나 지금으로부터 수조 년쯤 지나면 은하에 속해있었던 대부분의 항성이 연소를 마치고 빛을 잃어버릴 것이다. 게다가 우주 공간이 팽창해서 은하와 은하의 간격이 한없이 벌어지기 때문에, 주위를 아무리 둘러봐도 은하가 단 하나도 발견되지 않는 영역이 생겨난다. 그곳은 한 줄기 빛조차 없는, 문자 그대로 칠흑 같은 암흑에 뒤덮인다. 온도도 극한까지 내려가서, 무슨 일인가가 일어나리라는 기대는 전혀 할 수 없게 된다.

생각해 보자. 그런 곳에서도 시간은 흘러갈까?

사실 현대물리학은 이 어려운 문제를 이미 해결했다. 이렇게 말하면 독자 여러분은 '그래서 답이 뭐야? 시간이 흐른다는 거야, 흐르지 않는다는 거야?' 하며 궁금해할 텐데, 먼저 미안하다는 말을 해야 할 것 같다. 정확히는 답을 제시하는 게 아니라 문제 자체를 기각해 버리기 때문이다.

"아무것도 없는 곳은 존재하지 않으며, 애당초 시간은 흐르지 않는다."

이것이 현대물리학이 내놓은 결론이다.

이 결론이 무엇을 의미하는지는 이 책에서 점차 설명해 나갈 것이다. 다만 그에 앞서서 아주 간단히 설명하면, 원자 하나조차 없는 우주 공간에도 물리 현상을 담당하는 것이 존재하며, 그 요소 중 하나로서 온갖 장소에 고유의 시간이 존재한다.

시간은 흐르는 것이 아니라는 말은 굉장히 기묘하게 들릴지도 모른다. 인간은 태어난 그날부터 시간과 함께 살고 있음에도 시간이란 무엇인지 제대로 이해하지 못하고 있다. 인간에게 시간은 수수께끼이며, 어떻게든 그 수수께끼를 풀 실마리를 찾아내려고 하기 때문인지 온갖 설명이 난무하고 있다. 과학자나 철학자뿐만 아니라 문학자나 예술가들도 자신들의 독자적인 표현으로 시간을 이야기한다. 특히 SF라고 부르는 분야의 경우, 소설이나 영화 등 각종 매체에서 시간을 주제로 수많은 작품을 만들었다. 참고로 SF는 'Science Fiction(과학 소설)'의 머리글자였는데, 지금은 'Speculative Fiction(사변 소설)' 등 폭넓은 분야를 통합해서 이르고 있다(사변 소설은 현실 세계와는 다른 세계를 상상해서 쓴 소설을 뜻하며, 공상과학물뿐만 아니라 판타지, 공포물, 가상역사물 등을 전부 포괄한다—옮긴이).

SF 작품에서는 과학적으로 받아들이기 어려운 내용도 종종 보인다. 가령 대히트한 영화 〈백 투 더 퓨처Back to the Future〉에서는 들로리안이라는 스포츠카를 고속으로 주행시키면서, 거기에 탑재한 타임머신에 1.21기가와트(영화에서는 '지고와트'라는 가공의 단위를 쓴다)의 전력을 공급하자 '현재'에서 소멸하더니 갑자기 30년 전의 세계에 나타나는 장면이 나온다. 그러나 이 정도 에너지로 시간을 조종하는 것은 불가능하다(이 책 제1장에서 이야기하겠지만, 지구 내부에 있는 에너지를 모두 사용해도 하루당 10억 분의 몇 초밖에 바꾸지 못한다).

그러나 이런 사소한 점을 신경 쓸 필요는 없다. 중요한 것은 많은 사람이 시간에 흥미를 품고, 과거나 미래로 도약하는 것이 가능한지, 시간을 되돌릴 수 있다면 무엇을 하고 싶은지 같은 의문과 마주해 왔다는 사실이다. 이 책에서는 물리학이 밝혀낸 시간의 성질에 그치지 않고, SF 작가들이 끝없는 상상력을 발휘해서 이미지화한 시간의 신비에 관해서도 (주로 각 장의 마지막에) 소개하려 한다. 과학이 답을 내놓는 데 성공한 것은 물론 성공하지 못한 것까지, 시간의 수수께끼에 관해서 생각해 보는 계기가 된다면 저자로서 행복할 것이다.

2024년 5월
요시다 노부오

••• 목차 •••

머리말 • 아무것도 없는 곳에서도 시간은 흐를까? … 4

CHAPTER 1 · 시간은 어디에 있는가? … 11
  1. 경직된 뉴턴의 시간 … 14
  2. 시간의 신축이 중력을 만들어 낸다 … 30
  3. 유연한 아인슈타인의 시공 … 47

CHAPTER 2 · '흐르는 시간'이라는 착각의 기원 … 61
  1. 시작의 수수께끼 … 65
  2. 빅뱅은 폭발이 아니다 … 80
  3. 우주는 파괴되어 간다 … 91

CHAPTER 3 · 순환하는 시간, 분기하는 시간 … 109
  1. 순환하는 시간 … 111
  2. 미래는 어디까지 정해져 있는가? … 126
  3. 분기하는 시간 … 136

CHAPTER 4 · 생물의 시간, 인간의 시간 … 151
  1. 물질세계도 진화한다 … 154
  2. 생명의 역사를 통해서 본 시간 … 166
  3. 인간에게 시간이란? … 183

CHAPTER 5 · 시간의 끝 … 197
  1. 파괴되어 가는 우주의 말로 … 198
  2. 인간과 시간 … 204

참고문헌 … 211

CHAPTER 1

시간은 어디에 있는가?

시간의 본질을 생각하기 위한 실마리로서, 근대과학이 탄생한 이래 과학자들이 시간과 어떻게 마주해 왔는지를 되돌아보자. 여기에서 주목할 것은, 근대과학의 초석을 쌓은 아이작 뉴턴과 근대에서 현대로 넘어가는 가교 역할을 한 알베르트 아인슈타인이라는 두 천재의 발상이다.

뉴턴은 중력의 수수께끼를 풀기 위해, 우주 공간이 아무것도 없는 진공이며 천체는 아무런 저항도 받지 않고 움직인다고 가정했다. 이런 운동을 시간 변화의 식으로 확실히 기술해야 한다는 필요성에 쫓겨 물리적인 현상으로부터 분리된 형식적인 시간(이른바 '절대 시간')을 도입한 것이다. 뉴턴이 제안한 운동법칙의 식에서는 시간이 공통의 변수로서 사용되는데, '이것은 모든 세계에서 사용할 수 있는 절대 시간이다'라고 주장하면 '시간 변수'가 무엇인지를 일일이 설명하지 않아도 된다.

한편 아인슈타인은 뉴턴의 중력이 아무리 멀리 떨어진 곳이라 해도 순식간에 전달되는 것을 이상하게 생각했다. 그래서 (뒤에서 소개할 엘리베이터를 이용한) 사고실험을 바탕으로 깊게 고찰했고, 그 결과 시간이 중력의 전파에 본질적인 역할을 담당한다는 사실을 깨달았다. 시간은 어디에서나 사용할 수 있는 공통의 것이 아니라 장소에 따라 척도가 달라지며 그 차이로 인해서 중력 현상을 일으키는 '실재하는' 존재였던 것이다.

뉴턴과 아인슈타인의 견해 차이는 단순히 시간에 관한 견해의 차이가 아니라 세계관의 근간에 관한 견해의 차이였다. 근대적인 원자론에서 현대적인 장場이론으로의 진전을 나타내는 상징이었던 것이다. 제1장에서는 '원자론에서 장이론으로' 나아가는 흐름을 '경직된 뉴턴의 시간', '시간의 신축伸縮이 중력을 만들어 낸다', '유연한 아인슈타인의 시공' 등의 세 부분으로 나눠서 단계적으로 설명하고자 한다.

1. 경직된 뉴턴의 시간

천상계와 지상계의 시간은 같은가?

현대인은 시간을 정확히 알려주는 시계에 둘러싸여서 살고 있다. 여러 가지 사회 활동, 이를테면 지하철의 운행, 회사나 상점의 영업, 학교 수업, 텔레비전·라디오 방송 등은 모두 시계가 가르쳐 주는 시각을 기준으로 진행된다.

국제적으로는 전 세계가 원자시계原子時計를 사용해서 계측한 시간 계열에 바탕을 둔 '협정 세계시Universal Coordinated Time: UTC'를 공통된 시각으로 사용하고 있다. 일본의 경우는 시차에 해당하기도 하는, 협정 세계시보다 9시간 빠른 시각(UTC+9)을 일본 표준시로 채용했다(우리나라 표준시도 UTC+9다—옮긴이). 또한 인터넷상에서는 타임 서버Time Server라고 부르는 컴퓨터가 표준시를 발신하며, 이것을 전자상거래의 계약 시각 등을 확정하는 데 사용하고 있다.

이처럼 어디에서나 협정 세계시라는 단일 시각이 (시차 조정은 별개로 친다면) 통용되고 있기에 당연히 어떤 사건이든 시간의 경과에 따라서 규칙적으로 일어난다고 생각할 수도 있다. 그러나 이것이 근대 이전 사회에서도 일반적인 발상이었는가 하면 꼭 그렇지는 않다. 가령 고대 문명이 성립하던 시기의 사람들은 천상계에 있는 태양이나 달, 항성이 보조를 맞추듯이 움직인다고 인식했다. 행성의 경우 반드시 일정한 속도로 움직이는 것이 아니라 불규칙하게 움직인다(그래서 '헤매는 별'이라는 의미의 혹성惑星이라고 부르기도 했다)는 사실이 알려져 있었는데, 고대 로마의 프톨레마이오스 같은 천문학자들은 관측 데이터를 상세히 조사한 뒤 교묘한 해결책을 찾아냈다. 중심이 일정한 속도로 원궤도를 그리는 작은 원(주전원)이 있고 그 원이 일정 속도로 회전하면, 원 위에 있는 물체는 관측되는 행성과 같은 움직임을 보인다는 것이다(천상계에 그 원이 실제로 존재하느냐에 관해서는 의견이 엇갈렸다). 이렇게 해서 유럽과 아라비아, 인도 등 일부 문명권에서는 행성을 포함한 별들의 운동이 천상계에 흐르는 단 하나의 시간으로 규정된다는 견해에 도달했다.

별의 세계가 엄격한 시간의 규칙을 따르는 데 비해, 지상계에서 일어나는 사건은 그렇게까지 경직되어 있지 않다. 태양의 움직임에 따라서 낮과 밤이 바뀌고 계절이 변화하기는 하지만,

기온의 변화나 식물의 생장은 상당히 느슨한 틀 속에서 들쭉날쭉하게 변화하는 듯이 보인다. 지상계의 시간에는 천상계의 시간 같은 엄격한 규칙성이 없다고 생각하는 것도 이상한 일이 아니었다.

그러나 17세기 초엽이 되자 지상계의 운동도 마찰이나 공기 저항 같은 교란 요인을 극대한으로 제거하면 천체의 움직임과 마찬가지로 시간과 관련해 엄격한 규칙성을 지닌다는 발상이 등장했다. 갈릴레오가 근대과학의 첫발을 내디딘 것이다.

정밀한 실험을 하고자 노력한 갈릴레오

갈릴레오 갈릴레이(1564~1642)는 목성의 위성(갈릴레오 위성)이나 진자의 등시성 등 여러 가지 과학적 발견을 했는데, 그중에서도 특히 '자유낙하 법칙'의 발견은 물리학적 세계관을 만드는 데 중요한 역할을 했다.

정지 상태에서 낙하시킨 물체는 어떤 운동을 하는가? 이는 고대부터 논란의 대상이었는데, '무거운 물체가 가벼운 물체보다 빨리 떨어진다'든가 '낙하 거리는 낙하 시간에 비례한다' 같은 잘못된 주장이 적지 않았다. 이에 대해 갈릴레오는 철학적으로 생각하는 것이 아니라 이런저런 궁리를 통해 실증적인 실험을 실시함으로써 진정한 법칙을 모색했다.

당시에는 정확한 시간을 측정하기가 어렵다는 제약이 있었다. 헤어스프링(얇은 금속 띠를 감아서 만든 용수철)의 진동주기가 일정해지는 성질을 응용해 비교적 정확한 시계를 만들기 시작한 것은 17세기 후반에 이르러서였으며, 당시의 진자시계는 정확도가 낮았던 탓에 정확성이 요구되는 실험에는 부적합했다. 자유낙하 실험을 할 때 갈릴레오가 이용할 수 있었던 것은 용기 속의 물을 납땜한 관을 통해서 떨어뜨려 물이 고인 양으로 시간을 측정하는 물시계뿐이었다.

그래서 갈릴레오는 자유낙하를 직접 조사하는 대신 홈을 판 각목을 비스듬하게 설치하고 그 홈을 따라서 공을 굴리는 실험을 했다. 경사각을 낮추면 공의 속도가 느려져서 굴러가는 시간이 길어지므로, 물시계의 부정확함에서 기인하는 실험 오차를 억제할 수 있다는 생각에서였다. 또한 홈의 표면에 반질반질하게 연마한 양피지를 붙이고 홈에 굴릴 물체를 최대한 완전한 구형으로 만들고자 애쓰는 등 마찰을 줄일 방법을 모색했다. 초기에는 나무나 돌 등을 이용한 낙하 실험도 한 듯하지만, 정확성이 요구되는 경사면 실험에서는 비중이 큰 금속(주로 청동)으로 만든 작은 공을 사용해 오차를 최소화했다. 가능한 범위에서 최대한 정밀하게 실험했던 것이다.

당시는 이미 범선과 풍차가 보급된 시기였기에 사람들은 복잡한 공기의 흐름이 운동하는 물체에 상당한 영향을 끼친다는 사실을 알고 있었다. 또한 마차나 제분기 등도 널리 사용되고 있었으므로 물체와 물체의 마찰이 불규칙한 움직임을 유발한다는 사실도 알고 있었을 터다. 갈릴레오는 운동에 불규칙성을 유발하는 이런 교란 요소를 제거해 나가다 보면 현상의 밑바탕에 자리하고 있는 단순한 법칙이 드러나리라고 생각했다.

갈릴레오, 자유낙하 법칙을 발견하다

공기저항과 마찰의 영향을 최대한 제거한 상태에서 실험을 (갈릴레오의 말에 따르면 설정별로 '적어도 100회는') 반복한 결과, 하나의 명확한 경향성이 드러났다. 경사면을 굴러서 떨어지는 청동제 공의 속도가 시간에 비례하듯이 증가했던 것이다. 어떤 경사각을 가진 경사면에 공을 굴려서 떨어뜨릴 경우, 속도가 증가하는 비율은 청동제 공의 무게와 상관없이 일정했다(정확히 말하면 이 실험에서 속도를 직접 측정할 수는 없었고 속도의 증가가 시간에 비례한다고 가정했을 때의 예측값을 실험 데이터와 비교한 것이었지만, 이야기를 단순화하기 위해 여기에서는 속도를 측정했다고 하겠다).

당시로서는 속도가 너무 빠르기도 한 탓에 공중에서 자유낙하시켰을 때의 속도 변화를 직접 조사하기는 어려웠다. 그래서 갈릴레오는 경사각을 높이면 속도의 증가 비율이 커진다는 사실을 바탕으로 경사각이 90도에 가까운 극한 상태를 가정함으로써 물체의 낙하 법칙을 추론했다. 갈릴레오가 추론한 법칙을 간단히 정리하면 다음과 같다.

> 공기저항이나 마찰이 충분히 작다면, 물체를 자유낙하시켰을 때의 속도는 물체의 질량과 상관없이 낙하 시간에 비례한다.

여기에서 질량은 '물질의 양'에 해당하며, 지상 근처로 한정하면 '무게'의 값과 일치한다. 갈릴레오 시대에는 아직 알지 못했지만, 무게는 장소에 따라 달라진다. 가령 질량이 1킬로그램인 물체는, 지상에서는 무게가 1킬로그램중이지만 달 표면에서는 6분의 1킬로그램중이 된다(과학적으로 표기할 경우, 질량이 아니라 무게임을 나타내기 위해 킬로그램 뒤에 '중' 또는 '힘'을 덧붙인다). 현재의 실용 단위를 사용할 경우, 낙하 속도는 1초에 초속 10미터씩 증가한다는 사실이 밝혀졌다(정확히는 초속 9.8미터지만, 단순화를 위해 10미터라고 하겠다). 쥐고 있던 손을 놓아서 물체를 떨어뜨릴 때 최초의 순간에는 속도가 0이지만 1초 후에는 초속 10미터, 2초 후에는 초속 20미터, 3초 후에는 초속 30미터로 가속한다. 어떤 경과 시간에 대한 속도의 증가분을 가속도라고 부를 경우, 낙하운동처럼 항상 일정 비율로 증가하는 운동은 '가속도가 같은 운동', 즉 '등가속도운동'이다.

갈릴레오는 주로 청동 공으로 실험을 했지만, 납 등 다른 소재로 실험했을 때도 같은 결과를 얻을 수 있었다. 낙하운동에서의 속도 증가는 질량뿐만 아니라 소재의 영향도 받지 않았던 것이다.

다만 이 '자유낙하 법칙'은 공기저항과 마찰이 없는 이상적인 상황에서만 성립한다. 현실 세계에서 물체를 낙하시키면 처음에는 가속하지만 공기저항을 받는 탓에 어떤 시점에 이르면 가속이 멈추며, 최종적인 속도로 한정할 경우 '무거운 물체일수록 빨리 떨어진다'는 경험법칙이 성립한다.

물론 갈릴레오도 이 점을 이해하고 있었다. '내가 발견한 물체의 낙하 법칙은 현실에서는 성립하지 않는데, 그것은 이 법칙이 틀렸기 때문이 아니라 현실 세계에 단순한 기초 법칙을 은폐하는 여러 가지 교란 요소가 있기 때문이야.' 이렇게 직감하지 않았을까?

케플러가 발견한 행성 운동의 법칙

갈릴레오 이전 시대 사람들은 '별들은 시간의 흐름과 함께 규칙적인 운동을 하지만 지상의 현상은 그렇지 않다'고 생각했다. 그러나 낙하 속도가 시간에 비례한다는 자유낙하 법칙은 지상의 현상도 시간에 대해 엄격한 규칙성을 지니고 있음을 암시했다.

또한 갈릴레오와 같은 시대를 살았던 천문학자인 요하네스

케플러(1571~1630)는 별들의 운동 역시 일정한 속도로 원둘레를 도는 기계적인 움직임이 아니라는 흥미로운 사실을 발견했다. 천상계의 현상 또한 지상계를 방불케 할 만큼 유동적이었던 것이다.

케플러는 육안으로 천체를 관측한 마지막 세대에 속하는 천문학자 튀코 브라헤의 데이터를 사용해 화성의 궤도가 원이 아니라는 사실을 발견했다. 다만 실제 궤도를 확정하는 것은 매우 어려운 작업이었다. 화성의 관측 데이터는 움직이고 있는 지구에서 봤을 때의 방위만을 나타냈기 때문이다. 그리하여 확실한 근거가 없었음에도 면적속도 일정의 법칙을 전제로 계산을 진행했는데, 그 결과 모든 데이터가 타원궤도를 가정했을 때의 예측값과 일치한다는 사실을 알아냈다.(그림 1-1)

면적속도란 행성과 태양을 연결한 선분(과학 용어로는 동경動徑)이 단위시간에 통과하는 면적을 뜻한다. 화성이 타원궤도를 따라서 운동할 경우, 면적속도가 일정하다고 가정하면 태양과 가까운 곳에서는 궤도 위를 빠르게 움직이고 멀리 떨어진 곳에서는 느리게 움직일 터이다. 케플러는 행성이 운동의 원천이 되는 에너지를 태양으로부터 공급받는다고 (잘못) 생각했던 모양이지만, 별들의 운동이 유동적으로 변화한다는 사실을 밝혀냈다는 점에서 획기적인 성과였다.

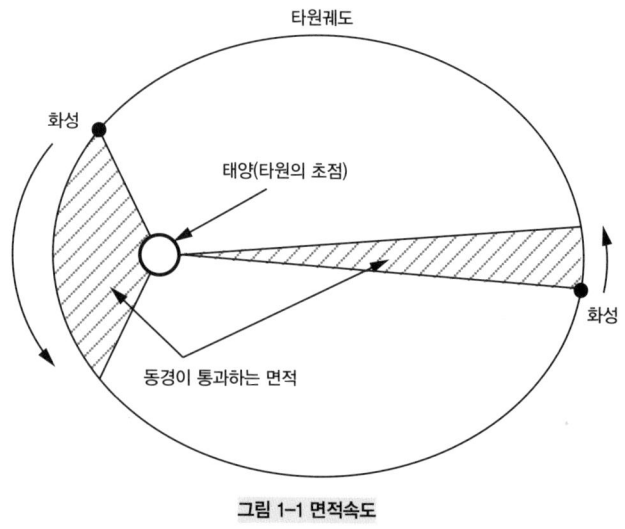

그림 1-1 면적속도

그런데 지금 관점에서는 신기하게 생각되겠지만, 케플러의 편지를 받고 이 성과를 알게 된 갈릴레오는 부정적인 반응을 비쳤다. 외부에서 힘이 가해지지 않을 경우 물체는 원운동을 한다는 '원 관성'이라는 개념을 받아들이고 있었던 갈릴레오로서는 행성이 타원 같은 일그러진 궤도를 그린다는 사실을 믿을 수 없었던 것이다.

자유낙하 법칙이나 면적속도 일정의 법칙은 천상계에서도 지상계에서도 그 밑바탕에 자리하고 있는 기초 법칙이 시간에 관한 단순한 수식으로 표현됨을 암시한다. 이렇게 해서 '천상계와 지상계의 현상은 동일한 보편적 법칙의 지배를 받고 있다'는 근대과학의 세계관이 준비되었다.

동역학을 개발한 뉴턴

17세기 초, 힘이 균형을 이루어서 움직이지 않는 상태를 다루는 '정역학靜力學'은 지렛대나 도르래에 의한 응용을 통해서 이미 상당히 높은 수준에 도달해 있었다. 그러나 한편으로 운동하는 물체에 관한 '동역학'은 아직 미숙한 수준이었는데, 자유낙하 법칙과 면적속도 일정의 법칙은 떨어지는 물체, 또는 언뜻 복잡해 보이는 행성의 운동이 시간 변화에 대한 간단한 수식을 따른다는 사실을 보여줬다. 이에 물체의 운동에 관한 일반적인 법칙도 마찬가지로 간단한 수식을 사용해서 나타낼 수 있지 않겠느냐는 기대가 커졌고, 갈릴레오가 세상을 떠나고 1년도 되지 않았을 때 훗날 그 기대에 부응하게 되는 인물이 태어난다. 바로 아이작 뉴턴(1642~1727)이다.

뉴턴의 가장 큰 발견은 '중력은 멀리 떨어져 있어도 작용하는 힘'이라는 사실을 파악한 것이다. 우리말로 "중력은 힘이다"라고 하면 왠지 말장난처럼 들리지만, 영어로 중력을 의미하는 'gravity'는 '무덤grave' 등과 같은 어원을 가지며 '무거움', '엄숙함'을 나타낸다. 천동설은 지구가 우주의 중심이고, 흙이나 금속 등의 물질은 이 중심을 향해서 가라앉는 성질이 있다고 생각했다. 이미 지동설이 보급된 시대에 살았던 뉴턴은 이런 생각에 반발해, 물체가 낙하하는 것은 물체에 깃들어 있는 성질이 아니라 중력이라는 힘의 영향임을 통찰했다.

그전까지만 해도 물체와 물체가 접촉했을 때 작용하는 마찰력과, 물체를 둘러싸고 있는 액체·기체의 압력이라는 두 종류만이 힘으로 간주되었는데, 여기에 멀리 떨어져 있어도 작용하는 중력을 추가한 것이다(뉴턴은 중심으로 향하도록 작용하는 힘이라는 의미에서 '향심력'이라고 표현했다). 지상에서의 중력은 지구가 물체를 중심으로 끌어당기는 힘으로 간주된다.

물체가 떨어지지 않도록 끈으로 묶어서 지탱할 경우, 무게와 동등한 힘으로 잡아당길 필요가 있다. 무게를 중력이라는 힘의 작용으로 간주하면 잡아당기는 힘과 정역학적인 균형 관계가 되므로, 중력의 크기는 무게와 같으며 따라서 질량에 비례함을 알 수 있다. 그리고 끈을 끊어서 떨어뜨렸을 때 물체가 자유낙하 법칙에 따라 등가속도운동을 하는 것은 질량에 비례하는 힘에 끌어당겨진 결과라고 생각할 수 있다.

뉴턴은 이런 자유낙하 법칙이 일반적인 동역학 법칙의 특수한 사례임을 간파했다. 중력의 크기는 질량에 비례하지만 낙하의 가속도는 질량과 상관없이 일정하므로, (불필요한 계수가 붙지 않도록 단위를 맞춘다면) 가속도는 중력을 질량으로 나눈 값과 일치한다. 이 성질이 낙하 이외의 운동에서도 성립하는 일반적인 것이라고 가정하면, '운동 물체의 가속도는 힘을 질량으로 나눈 값과 일치하게' 된다. 이것이 '뉴턴의 운동법칙'이다.

이 법칙에 따르면 힘이 작용하지 않았을 때는 가속도가 발생하지 않으므로 물체는 최초의 속도를 유지한 채 등속도운동을 하게 된다. 힘을 가하지 않으면 최초의 속도가 유지되는 성질을 '관성의 법칙'이라고 부른다.

뉴턴 이전에는 힘이 균형을 이루는 경우에 관해서는 논의가 되었지만 힘을 받으면서 움직이는 물체에 관해서는 전혀 논의되지 못했다. 그러나 뉴턴은 자유낙하 법칙을 일반적인 사례로 확장함으로써, 운동 물체에 중력 이외의 힘이 가해졌을 경우 역시 속도가 시시각각으로 변화하는 과정을 간단한 수식으로 기술할 수 있다고 주장한 것이다.

달은 왜 떨어지지 않을까?

17세기 후반이 되자 '별들은 원둘레를 따라서 같은 속도로 움직인다' 같은 기하학적인 발상은 폐기되었다. 그러나 행성이 태양의 주위를 공전하는 메커니즘에 관해서는 여전히 알지 못했는데, 이 문제를 해결한 것이 뉴턴의 이론이다.

뉴턴의 천재성은 실험이나 관찰을 통해서 얻은 개별적인 데이터를 보편적인 법칙으로 승화시키는 능력에 있었다. 뉴턴은 지표면 근처에서 물체를 낙하시키는 힘으로 가정되었던 중력이 우주 공간까지 도달해 천체의 운동을 지배한다고 생각했다. 지구 표면의 물체는 자유낙하 법칙에 따라서 낙하한다. 만약 중력이 멀리 떨어져 있어도 작용하는 향심력이라면 지구 근처에 있는 달도 중력을 받을 터인데, 달은 낙하하지 않고 지구와 일정한 거리(38만 킬로미터)를 유지하면서 원운동을 계속하고 있다. 왜 달은 떨어지지 않는 것일까?

이 의문에 답하기 위해 뉴턴은 높은 탑에서 물체(예를 들면 포탄)를 수평으로 발사한다는 사고실험을 제시했다. 사고실험이란 기구를 사용해서 실제로 하는 실험이 아니라 머릿속에서 추론을 거듭하는 가상적인 실험으로, 현실에서는 실현 불가능한 환경을 가정할 수 있다. 탑에서 물체를 발사하는 실험의 경우, 실제로 해보려고 해도 공기저항이 있는 탓에 제대로 진행되지 않는다. 그래서 뉴턴은 갈릴레오가 자유낙하 법칙을 발견했을 때의 방법론을 빌려, 공기저항이 0인 이상적인 조건에서 하는 실험을 상상했다. 물체를 수평으로 발사했을 때, 최초 속도가 느리면 물체는 포물선을 그리면서 탑 근처에 떨어진다. 포물선은 연직 방향(중력이 작용하는 방향)으로는 자유낙하 법칙에 따라서 등가속도운동을 하고, 수평 방향으로는 최초 속도를 유지하는 등속도운동을 할 때의 궤도다.

최초 속도를 높여나가면 점차 탑에서 멀리 떨어진 지점에 낙하하게 된다. 물체가 나아감에 따라서 지구의 중심을 향하는 중력의 방향이 변하는 까닭에 궤도도 포물선에서 벗어나기 시작한다(제대로 계산하면 타원의 일부가 됨을 알 수 있다). 이렇게 최초 속도를 높이면 어떤 시점에 수평 방향으로 움직이면서 낙하할 때 궤도의 곡선이 지표면의 곡선과 딱 일치하게 된다. 이렇게 되면 지표면으로부터의 높이가 항상 일정하게 유지되며, 그 결과 발사된 물체는 지구를 한 바퀴 돌아서 발사된 탑까지 돌아온다.(그림 1-2)

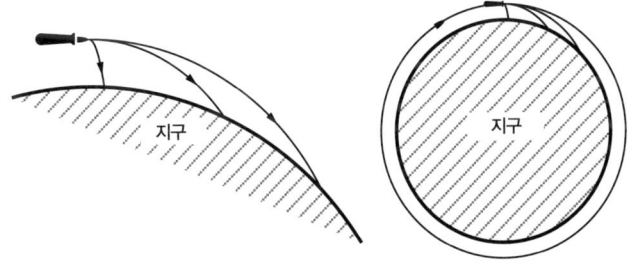

그림 1-2 떨어지지 않는 포탄

뉴턴은 달이 지구 주위를 공전하는 이유가 이와 같은 운동이 실현되었기 때문이라고 생각했다. 지구의 중심을 향해서 잡아당기는 중심력이 지속적인 원운동을 가능케 한 것이다.

중력을 '멀리 떨어져 있어도 작용하는 힘'으로 가정했지만, 그 세기에 관한 법칙은 알지 못했다. 그러나 계산을 거듭한 결과, 중력의 세기가 지구 중심으로부터의 거리의 제곱에 반비례한다(거리가 2배가 되면 4분의 1, 3배가 되면 9분의 1로 변화한다)고 가정하면 달의 속도나 지구로부터의 거리에 관한 관측 결과와 모순되지 않는 예측을 얻을 수 있음이 밝혀졌다.

이렇게 해서 뉴턴의 중력이론이라고 불리는 것이 완성되

었다. 그 내용은 1687년에 간행된 《자연철학의 수학적 원리 Philosophiæ Naturalis Principia Mathematica》(일명 '프린키피아')에 설명되어 있다.

COLUMN

갈릴레오는 피사의 사탑에서 실험을 하지 않았다?

과거에 출판된 어린이를 대상으로 한 위인전에는 갈릴레오가 물체의 낙하 법칙을 증명하기 위해 피사의 사탑에서 무거운 물체와 가벼운 물체를 동시에 떨어뜨리는 실험을 했다는 내용이 실렸는데, 이것은 역사적 사실이 아닌 듯하다. 이 이야기는 갈릴레오가 세상을 떠나고 10년 이상 지난 뒤에 제자가 집필한 전기에 소개되었을 뿐이며, 갈릴레오 본인의 저서에는 언급되어 있지 않다.

그리고 무엇보다 갈릴레오답지 않은 실험이기도 하다. 갈릴레오는 물리의 기초 법칙은 단순한 수식으로 표현된다고 생각했으며, 식의 형태를 밝혀내기 위한 정밀한 실험을 시도했다. 공기저항의 영향이 밀도나 속도에 따라서 달라짐을 깨닫고《새로운 두 과학(Due Nuove Scienze)》) 밀도가 큰 청동으로 만든 작은 공을 경사면에서 천천히 굴리는 실험을 했던 것이다. 그런 갈릴레오가 높은 탑에서 두 물체를 떨어뜨려서 비교하는 식의 정밀하지 못한 실험을 했을 리가 없다.

갈릴레오 이전, 수많은 학자가 나무와 돌 같은 두 종류의 물체를 동시에 떨어뜨리면 무거운 물체가 아주 약간 일찍 땅에 떨어진다는 점을 지적했다. 이에 대해 갈릴레오는 무거운 물체가 더 일찍 떨어지는 것이 아니라 그 차이가 '아주 약간'이라는 점에 주목했으며, 이것이 공기저항의 영향임을 간파하고 그 영향을 배제할 실험 방법을 고안했다. 이것이야말로 갈릴레오의 진정한 위대함이다.

2. 시간의 신축이 중력을 만들어 낸다

'시간'은 대체 어디에 있는가?

일반적인 과학 역사서는 "뉴턴이 역학의 기초를 만들었습니다. 끝"으로 마무리되지만, 시간이 주제인 이 책은 지금부터가 본론이다. 이 장의 제목이기도 한 '시간은 어디에 있는가?'에 주목해야 한다.

뉴턴은 우주 공간이 완전한 진공이라고 생각했는데, 그 근거는 갈릴레오류의 세계관이었을 것이다. 갈릴레오는 현실 세계에서 자유낙하 법칙이 반드시 성립하지는 않는 이유가 주위의 공기에 의한 저항 때문이라고 생각했다. 현상을 복잡하게 만드는 이런 요인이 제거되면 기초 법칙은 틀림없이 간단한 수식으로 표현된다는 세계관이다.

행성의 운동은 타원궤도나 면적속도 일정의 법칙 등 간단한 수학적 법칙을 따른다. 그렇다면 행성이 움직이는 우주 공간에는 공기처럼 운동을 방해하는 유체가 존재하지 않는다고 생각하는 것이 자연스럽다. 실제로 뉴턴은 저항은 일절 없이 중력만이 작용한다는 가정에 입각해서 자신이 고안한 중력이론과 운동법칙을 사용해 타원궤도 등의 케플러의 법칙을 이끌어 냈다.

그런 뉴턴이 대항 의식을 불태웠던 인물이 있다. 갈릴레오와 뉴턴의 중간 세대에 속하는 철학자 르네 데카르트다. 데카르트는 태양 주위에 에테르라고 부르는 희박한 유체가 가득 채워져 있으며, 이것이 행성의 운동을 일으킨다고 생각했다. 에테르가 소용돌이치고, 행성은 에테르의 소용돌이에 휘말리듯이 운동한다는 견해다. 이 발상은 머릿속에서 상상하기도 쉬운 까닭에 상당히 많은 학자의 지지를 받고 있었다. 그러나 뉴턴은 에테르 같은 유체의 움직임으로는 케플러의 법칙을 재현하기가 불가능함을 이해하고 있었다. 행성 운동의 규칙성은 우주 공간이 진공인 덕분에, 지상에서는 수많은 교란 요소에 가려져 있었던 단순한 기초 법칙이 드러난 결과다. 이것이 뉴턴의 신념이었다.

다만 이 신념은 커다란 수수께끼를 만들어 냈다. 진공인데 어떻게 중력이 우주 공간에 전달되느냐는 수수께끼다. 뉴턴은 이 점에 관해서 아무런 설명도 하지 않았다. 뉴턴의 중력이론에 따르면 중력원이 되는 천체로부터 멀리 떨어질수록 힘이 약해지지만, 공간의 내부에서 전달될 경우 당연히 있어야 할 터인 시간적 지연도 없이 공간을 뛰어넘어서 일순간에 작용이 전달되는 것으로 되어있다.

게다가 우주가 진공이라면 또 하나의 수수께끼가 생긴다. 시간이 어떻게 모든 물체에 작용하는가. 천상계의 현상과 지상계의 현상이 완전히 별개의 법칙에 지배되고 있다는 세계관에 입각하면, 모든 별이 동기화된 움직임을 보이는 이유는 천상계 고유의 법칙을 따르기 때문이라고 생각할 수도 있다. 지상에서 발견되는 주기성週期性은 태양의 움직임에 이끌려서 비롯된 것이라는 견해다. 그러나 뉴턴은 저항이나 마찰 같은 교란 요소를 제거한 뒤의 운동은 천상계든 지상계든 같은 수식으로 표현된다고 제시했다. 그 수식은 (가속도 같은) 시간에 대한 변화량을 포함한다. 요컨대 똑같은 단일한 시간이 천상계와 지상계를 지배한다는 의미다. 우주 공간은 진공임에도 중력이 전달되고 단일한 시간의 지배를 받는다. 왜 이런 일이 가능할까? 이것은 뉴턴이 운동 이론을 제안한 뒤로 이백 몇십 년이 지나는 동안 해결의 실마리조차 발견되지 않은 수수께끼였다.

사실 이 수수께끼를 아무도 풀지 못한 것은 당연한 일이었다. '우주 공간에는 아무것도 없다'라는 최초의 가정이 잘못된 것이었기 때문이다. 결국 20세기 초엽이 되어서야 아인슈타인이 하나의 이론을 통해서 이 수수께끼에 대한 답을 제시했다.

그 이론이란 바로 시간·공간과 중력의 관계를 논한 '일반상대성이론'이다.

아인슈타인, 중력에 도전하다

알베르트 아인슈타인(1879~1955)은 1905년에 발표한 상대성이론을 통해서 전자기학電磁氣學의 본질을 밝혀냈다. '왜 세계에는 전기와 자기라는 두 종류의 작용이 있는가?'라는 질문에 대해 '시간과 공간이라는 두 종류의 차원이 존재하기 때문'이라는 형태로 설명한 것이다(자세한 설명은 생략하겠다).

아인슈타인이 전자기학에 이어서 도전한 것은 중력의 수수께끼였다. 1907년에 중력에 관한 연구를 시작한 아인슈타인은 1913년에 리만 기하학(19세기에 수학자 베른하르트 리만이 고안한, 휘어진 공간에 관한 기하학)을 기반으로 한 이론의 전체상을 드러냈고, 1915년에 마침내 '아인슈타인 방정식'이라고 부르는 기초 방정식을 발표했다. 이 이론은 일반상대성이론이라 불리는데, 기존의 상대성이론(특수상대성이론)이 '공간·시간에는 신축이나 일그러짐이 없다'는 '특수한' 상황으로 한정한 것이었던 데 비해 새로운 이론은 일그러짐이 있는 '일반적인' 상황을 다뤘기 때문이다.

연구를 시작하면서 아인슈타인은 '중력은 어떤 특징이 있는 힘인가?'를 머릿속에 그렸다. 이것은 아인슈타인의 독자적인 발상법이다. 최초의 단계에서는 수식을 그다지 다루지 않고, 직관적인 이미지에 입각해서 고찰을 진행한다.

중력의 가장 큰 특징은 어떤 물체든 같은 가속도로 낙하한다는 성질이다. 공기의 저항만 없다면, 무거운 물체든 가벼운 물체든 같은 높이에서 동시에 떨어뜨릴 경우 동시에 착지한다. 이 성질을 갈릴레오는 자연계의 원리적인 법칙(자유낙하 법칙)으로 간주했고, 뉴턴은 '중력은 질량에 비례한다', '가속도는 힘을 질량으로 나눈 값이 된다'는 두 가지 기본 법칙에서 도출되는 것이라고 논했다.

이에 대해 아인슈타인은 더욱 직관적으로 이해할 방법을 모색했다. 이때, 높은 곳에서 떨어진 사람이 "그 순간 무게가 느껴지지 않았다"라고 증언한 것을 실마리로 삼았다고 한다. 낙하하는 사람 입장에서는 온갖 물체가 자신과 같은 가속도로 떨어지므로 중력의 효과가 소실된 것처럼 느껴지는 것이다.

중력이 사라진다!?

현대인은 국제우주정거장 ISS의 영상 등을 통해서 실제로 중력이 소실된 상황을 목격할 수 있다. 위성 궤도를 도는 우주정거장의 내부는 무중력상태다. 손에 물건을 들고 있다가 놓으면 그 물건은 바닥으로 떨어지는 것이 아니라 둥둥 떠서 주위를 떠돈다. 물은 표면장력 때문에 공처럼 뭉친 채로 떠다니고,

운동선수가 아니더라도 간단히 공중제비를 돌 수 있다.

이처럼 무중력상태가 된 것은 우주정거장이 지구의 중력권을 벗어나서 훨씬 먼 곳까지 날아갔기 때문……이 아니다. 뉴턴은 높은 탑에서 물체를 수평으로 발사하는 사고실험을 했다. 이때 물체는 중력의 작용으로 인해 연직 방향으로 낙하를 계속하지만, 동시에 수평 방향으로 움직이는 까닭에 일종의 곡선을 그린다. 최초 속도를 적절히 조정하면 물체가 그리는 곡선이 지표면의 곡선과 일치하기에 지구의 주위를 원운동 할 수 있다. 우주정거장도 이와 마찬가지여서, 수평 방향으로 나아가는 동시에 연직 방향으로 자유낙하하고 있다. 그래서 높은 곳에서 떨어지는 사람과 마찬가지로 무중력상태가 실현되는 것이다.

이런 무중력상태는 뉴턴의 운동법칙을 단순하게 받아들이는 처지에서 보면 '중력이 원심력과 균형을 이루어 표면적으로 그 효과가 보이지 않게 된 상태'라고 해석할 수 있다. 원심력은 타고 있는 기차가 커브를 돌 때 확실히 실감되는 힘이다. 기차가 오른쪽으로 선회할 때, 기차에 타고 있는 사람의 몸은 관성의 법칙(힘이 작용하지 않을 때는 등속도운동을 유지한다는 법칙)에 따라서 그대로 직진하려 하므로 기차에 대해서 왼쪽 방향으로 쓰러지는 느낌을 받는다. 이 느낌을 원심력이라는 힘이 작용했다고 생각하는 것이다.

기차가 커브를 돌 때뿐만 아니라, 가령 자동차가 급발진해서 좌석에 파묻히는 느낌을 받거나 반대로 급정거해서 앞으로 쓰러지는 느낌을 받을 때도 마치 어딘가에서 힘이 작용한 것처럼 느껴진다. 뉴턴의 운동법칙에서는 이런 힘이 실제로 존재하지 않으며, 관성의 법칙의 효과가 나타났을 뿐이기에 관성력慣性力이라는 '겉보기 힘'으로 간주한다. 우주정거장도 위성 궤도 위를 선회하면서 나아가고 있으므로 내부에 있는 물체에 원심력이 작용한다. 이 원심력이 중력과 균형을 이루어서 겉보기상의 무중력상태를 만들어 낸 것일까?

그러나 우주정거장의 무중력상태는 단순히 원심력과 중력이 균형을 이룬 것이라고 생각하기에는 지나치게 완벽하다. 가령 스쿠버다이빙을 할 때 무게추를 조절해서 부력과 중력이 일치하는 상태를 만들어 내더라도 무중력의 느낌은 얻지 못한다. 물의 압력(수압)이 몸의 표면에 가해지는 데 비해 중력은 신체의 내부에서 작용하는 까닭에 부력과 중력이 모두 느껴진다. 그런데 우주정거장의 영상을 보면 우주비행사들은 정말로 중력이 없는 것처럼 움직인다.

아인슈타인은(당시에는 우주정거장에 관해 알 도리가 없었으므로 지붕에서 떨어지는 사람 등을 상상했을 것이다) 자유낙하를 할 때 중력의 효과가 느껴지지 않는 것은 '정말로' 중력이 사라졌기 때문이라고 생각했다.

엘리베이터를 이용한 사고실험

'정말로' 중력이 소실된다는 것은, 어떤 측정 방법을 동원해도 중력의 존재를 확인할 수 없다는 뜻이다. 이는 원심력 등의 관성력과 중력이 원리적으로 구별 불가능하며, 무엇이 중력과 원심력이 균형을 이룬 상태이고 무엇이 중력이 없는 상태인지 식별할 방법이 없음을 의미한다(관성력과 중력을 구별할 수 없다는 것은 그 둘을 등가^{等價}로 간주할 수 있다는 뜻이며, 이를 전문용어로 '등가원리^{等價原理}'라고 부른다).

다만 여기에서 말하는 측정은 그 장소에서의 물리 현상을 조사하는 것에 한한다. 우주정거장 바깥을 바라보면 그것이 '지구 주위를 원운동 하고 있는' 듯이 보이겠지만, 이를 바탕으로 "지구가 가깝게 보이니까 중력이 작용하고 있을 거야"라고 주장하는 것은 추론에 불과하다. 그 장소의 물리법칙에 입각한 측정만이 물리적 현실을 주장하기 위한 근거가 된다.

아인슈타인은 외부가 보이지 않는 엘리베이터를 생각했다. 내부에 있는 사람이 바닥에 짓눌리는 것 같은 힘을 느꼈을 때, 엘리베이터 내부에서 실시한 물리 실험을 통해 그 힘이 근처에 있는 지구 같은 거대한 중력원으로부터의 중력인지 아니면 무중력 공간에 있는 엘리베이터가 위를 향해서 가속한 것에 따른 관성력인지 알아낼 수 있을까? 이런 질문을 스스로에게 던진 것이다.(그림 1-3)

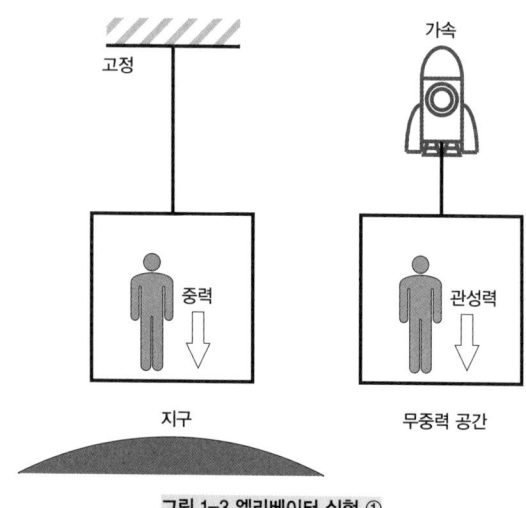

그림 1-3 엘리베이터 실험 ①

내부에서 물체를 던지는 등의 역학 실험을 해본들 답을 알 수는 없다. 자유낙하 법칙이 옳다면 중력과 관성력을 구별할 수 없는데, 이 법칙은 갈릴레오가 제창한 이래 수백 년이라는 세월에 걸쳐 검증되어 왔기 때문이다. 그래서 아인슈타인은 운동 이외의 물리 현상을 근거로 중력과 관성력을 구별할 수 없을지 생각했고, 빛을 사용한 실험을 떠올렸다. 엘리베이터 바닥에 광원을 놓고, 천장에 설치된 측정기에서 빛을 수신하는 실험이다.(그림 1-4)

엘리베이터가 위를 향해서 가속할 때 천장에서 관측되는 빛은 정지한 엘리베이터에서 관측되는 빛과 다르다. 빛이 바닥

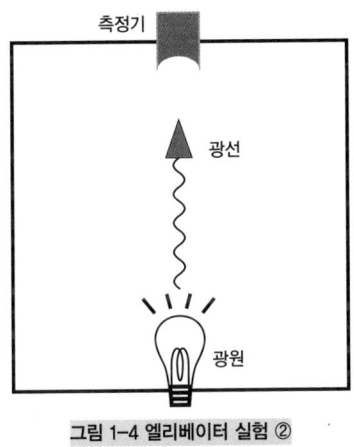

그림 1-4 엘리베이터 실험 ②

을 출발해서 천장에 도달하는 동안 천장이 가속해 속도가 증가함에 따라 도플러 효과가 발생하기 때문이다. 도플러 효과는 소리와 관련해서 유명한 현상으로, 음원과 관측자가 서로 다른 속도로 운동할 때 관측되는 소리의 진동수가 음원에서의 진동수와 다른 값이 되는 효과다. 소리의 경우는 진동수의 차이를 소리의 높낮이라는 형태로 느낄 수 있는 까닭에, 움직임에 따라서 소리의 높낮이가 다르게 들린다.

가령 기차를 타고 있을 때 건널목의 경보음을 들어보면, 건널목과 가까워질 때 들리는 소리가 건널목에서 멀어질 때보다 약간 고음으로 느껴진다. 가까워질 때는 음파의 전파 속도에 자신이 이동하는 속도가 더해져서 1초 동안 귀를 스쳐 지나가는 파면波面의 수가 경보기에서 나오는 진동수보다 (기차의 속도가 시속 120킬로미터라면 10퍼센트 정도) 많아지고, 멀어질 때는 반대로 적어지기 때문이다. 달리는 구급차의 사이렌 소리를 들을 때도 같은 현상이 발생하지만, 속도가 느려서 변화가 작은 까닭에 감각이 상당히 예민한 사람이 아니면 알아채기 어려울 것이다.

위를 향해서 가속하는 엘리베이터에서는 카(승객이 타는 공간)째로 가속함에 따라, 천장이 바닥에서 빛이 방출되었을 때의 광원보다 고속이 된다. 따라서 건널목에서 멀어지는 기차와 마찬가지로, 1초 동안 측정기에 수신되는 파동의 수가 적어진다. 가시광선은 진동수에 따라 (무지개에서 보이는) 빨간색부터 보라색까지의 색으로 감각되는데, 진동수가 적어지면 색은 빨간색에 가깝게 변화한다. 가속하는 엘리베이터 실험의 경우, 천장에서 관측되는 빛은 도플러 효과로 인해 바닥을 떠났을 때보다 붉게 보인다(이것을 전문 용어로 '적색편이赤色偏移, redshift'라고 한다).

그렇다면 지구와 가까운 곳에 있는 정지한 엘리베이터에서 같은 실험을 할 경우 어떤 결과를 얻을 수 있을까? 일반적으로 생각하면, 중력을 받는 엘리베이터는 움직이지 않으므로 도플러 효과가 발생하지 않는다. 그렇다면 도플러 효과의 유무를 통해서 중력과 관성력을 구별할 수 있을 터이다. 그런데 아인슈타인은 이런 일반적인 생각을 채용하지 않았다. '중력이 작용하고 있을 경우에도 가속할 때와 마찬가지로 도플러 효과가 발생해서 중력과 관성력이 구별되지 않을 것이다.' 이것이 아인슈타인의 발상이었다.

장소에 따라서 시간이 달라진다!

'중력의 작용으로 도플러 효과와 같은 진동수 변화가 발생한다'고 가정한다면 기존의 이론에서 무엇을 어떻게 바꿔야 할까? 이 문제를 곰곰이 생각하는 과정에서 아인슈타인은 시간에 관한 생각을 근본부터 바꿔야 한다는 사실을 깨달았다.

중력이 작용하는 엘리베이터의 바닥에 고속도로 터널 등에서 오렌지색 빛을 발하는 나트륨램프가 놓여있다고 가정하자(물론 아인슈타인이 살았던 시절에는 아직 나트륨램프가 없었지만). 나트륨 원자가 방출하는 빛의 진동수는 원자 물리의 법칙에 따라서 1초에 500조 회로 정해져 있다(정확히는 509조 회지만, 단순화를 위해 500조라고 하겠다). 이 빛이 천장에 도달했을 때 도플러 효과와 같은 진동수의 감소가 발생해 (예를 들면) 1초에 400조 회가 되었다고 가정한다(실제로는 중성자별처럼 질량이 거대한 별의 근처에서도 진동수가 이렇게 큰 폭으로 감소하는 일은 거의 없지만, 그런 일이 일어났다고 해보자). 이것은 무엇을 의미할까?

나트륨 원자가 1초에 500조 회 진동하는 빛을 방출하는 것은 물리법칙으로 규정되어 있기에 바뀌지 않는다. 진동 횟수가 바뀌지 않는다면 달라지는 것은 무엇일까? 바로 시간이다. 바닥에 놓인 나트륨램프의 빛이 천장에 닿았을 때 1초에 400조 회밖에 진동하지 않은 이유를 '천장에서 1초가 흐르는 동안 바닥에서는 5분의 4초밖에 경과하지 않았기 때문'이라고 생각하면 설명이 가능해진다. 바닥이 천장보다 시간이 느리게 흐르는 것이다.

뉴턴은 우주 전체에 동일하게 시간이 흐른다고 생각하고 이것을 절대 시간이라고 불렀다. 그러나 아인슈타인은 장소마다 다른 시간이 존재한다는 결론을 내렸다. 이 시간 차이로 인해서 중력이 존재하는 장소에서는 가속도운동을 할 때와 같은 도플러 효과(전문가들은 '중력적색편이'라는 어려운 말을 쓰고 싶어 한다)가 발생하므로, 빛을 사용한 실험으로도 중력과 관성력을 구별할 수 없다.

그렇다면 지금까지 중력이라고 불렀던 것은 대체 무엇이었을까?

무엇이 중력을 만들어 내는가?

아인슈타인은 진공이 아무것도 없는 상태가 아니며, 시간과 공간이 '있다'고 생각했다. 시간과 공간(혹은 둘을 합친 '시공')은 그 위에 물리 현상이라는 그림이 그려지는, 고무로 만든 캔버스(화폭) 같은 것이다. 시간과 공간이라는 씨실과 날실로 짠 캔버스는 고무인 까닭에 장소에 따라서 늘어나기도 하고 줄어들기도 하는데 이 경우 캔버스가 신축하지 않을 때와는 다른 모습의 그림(=다른 물리 현상)이 된다. 어떤 부분에서 신축이 일어나면 그 주위는 평평할 수 없으므로 넓은 범위에 걸쳐 시공이라는 캔버스가 일그러진다. 이런 캔버스의 일그러짐으로 인해서 발생하는 효과를 중력의 작용으로 간주하는 것이다.

일반상대성이론은 시공의 신축이나 일그러짐으로 인해서 물리 현상이 어떻게 변화하는지를 밝혀낸 것이다. 일그러진 시공의 기하학에 입각해서 물리 현상을 기술하는 이론이라고도 할 수 있다. 또한 관성력은 커브를 돌면서 관측할 때 보이는 모습이 일그러지는 데서 기인하는 효과로, 기하학적인 관점에서는 중력과 등가다.

지표면 가까이에서 물체를 던지면 (공기저항이 없을 경우) 포물선을 그린다. 포물선을 그리는 이유에 관해, 뉴턴은 중력원이 되는 지구로부터의 힘이 작용하기 때문이라고 생각했다. 그러나 아인슈타인은 이것이 대체로 시간의 신축이 만들어 낸 운동이라고 생각했다. 만약 시공이 늘어나거나 줄어들지 않는다면 던져진 물체와 지구는 모두 관성의 법칙에 따라서 등속도운동을 한다. 관성의 법칙은 시공에 신축이 없을 때 성립하는 법칙인 것이다. 그런데 거대한 중력원인 지구 근처에서는 (엘리베이터 실험에서 바닥의 시간이 천장보다 느리게 흐르듯이) 더 멀리 떨어진 지점에서보다 시간이 천천히 경과한다. 그렇기 때문에 지구 주위에서 운동하는 물체는 지구에 가까운 쪽의 속도가 느려지고, 그 결과 지구가 안쪽이 되도록 곡선을 그리며 운동한다. 이 곡선이 포물선인 것이다.(그림 1-5)

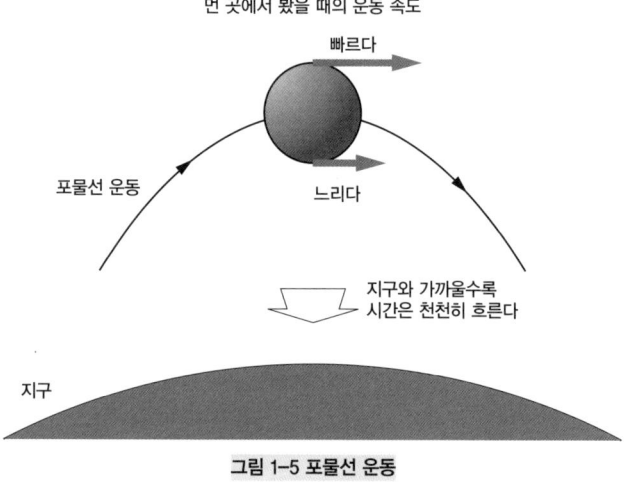

그림 1-5 포물선 운동

이렇게 생각하면 중력만이 작용할 때 물체의 운동이 물체의 소재나 질량의 영향을 받지 않는 이유가 명확해진다. 중력의 작용은 시간이 늘어나고 줄어든 결과로서 나타나는 운동 변화이기에 각 물질의 성질에는 의존하지 않는 것이다. 참고로,

여기에서는 시간의 신축만을 문제로 삼았지만 실제로는 3차원의 공간도 다양한 방향으로 신축하는 까닭에 중력의 작용은 뉴턴이 생각했던 것보다 훨씬 복잡하다. 다만 공간의 신축은 광속에 가까운 속도로 운동하는 물체에만 크게 영향을 끼치며, 일상생활에서 볼 수 있는 사건에는 거의 영향을 끼치지 않는다.

그리고 사실 시간의 신축도 지극히 소규모다. 지표면 근처에서 시간의 신축은 여러 가지 방법으로 관측되고 있다. 2020년에 도쿄 스카이트리의 지상층과 450미터 상공의 전망대에 광격자시계光格子時計라고 부르는 고성능 원자시계를 설치해 시간이 얼마나 다르게 흐르는지 직접 검증하는 실험이 진행되었는데, 전망대의 시계가 하루에 10억 분의 4초 빠르게 움직인다는 사실이 밝혀졌다. 지구의 중심과 가까울수록 시간이 천천히 흐르는 것은 분명하지만, 감각적으로 느끼기는 불가능할 만큼 미세한 차이인 것이다. 이것이 지구라는 천체가 지닌 에너지로 변동시킬 수 있는 시간의 한계다.

COLUMN

시공을 발견한 과학자

지금은 상대성이론의 관점에서 시간과 공간을 하나로 합쳐 시공이라는 개념으로 다루지만, 본래 아인슈타인 자신이 여기까지 생각했던 것은 아니다. 시공이라는 아이디어를 제안한 사람은 취리히 공과대학교에서 아인슈타인을 가르치기도 했던 수학자 헤르만 민코프스키(1864~1909)다. 그가 1906년에 고안한 기하학적 4차원 시공은 민코프스키 시공간으로 불린다.

중력이론에 관한 연구를 시작했을 당시, 아인슈타인은 시간의 신축에만 주목하고 공간에 관해서는 그다지 생각하지 않았다. 천체의 중력이 빛을 굴절시키는 현상에 관해서도 시간만을 고려했던 탓에 아인슈타인이 구한 굴절각은 올바른 값의 절반밖에 되지 않았다. 그러다 1910년대에 들어와서야 비로소 생각을 바꿔 시간과 공간을 일체화하는 기하학에 주목했지만, 계산이 너무나도 어려워 본인으로서는 감당이 되지 않았다. 그래서 아인슈타인은 대학교 시절의 친구이자 당시 취리히 공과대학교의 교수로 있었던 마르셀 그로스만(1878~1936)에게 도움을 청했다. 그로스만은 아인슈타인에게 리만 기하학을 소개했고, 두 사람은 이것과 민코프스키의 아이디어를 합체시킨 수학을 사용해 일반상대성이론의 기초를 구축했다. 일반상대성이론은 수학자들의 협력이 있었기에 탄생할 수 있었던 것이다.

3. 유연한 아인슈타인의 시공

아무것도 없는 장소는 없으며, 시간은 흐르지 않는다

발표 후 한동안 일반상대성이론을 검증하는 사례는 극소수에 불과했으며 연구자도 몇 되지 않았다. 그러나 1960년대 이후 블랙홀과 우주론 관련 지식이 늘어나면서 일반상대성이론 연구 도구로서의 중요성이 인식되기 시작했다. 최근에도 은하계의 중심에 있는 블랙홀의 발견(1995년~), 우주의 가속 팽창의 발견(1998년), 중력파의 검출(2015년), 블랙홀 촬영(2019년) 등 일반상대성이론을 바탕으로 한 노벨상급의 성과가 잇달았다.

다만 인류사적인 관점에서 바라보면 일반상대성이론의 가장 큰 역할은 뉴턴의 이론에서 보였던 수수께끼를 해명한 점일 것이다. 뉴턴은 우주 공간을 아무것도 없는 진공으로 생각했는데, 정말로 아무것도 없다면 어떻게 중력이 전달되느냐는 수수께끼가 남는다. 이에 대해 일반상대성이론은 우주 공간에

'시공'이라는 '실체'가 존재한다고 간주함으로써 이 수수께끼를 풀었다.

일반상대성이론의 시공은 단순히 형식적인 틀이 아니라 에너지의 분포에 맞춰서 유연하게 늘어나기도 하고 줄어들기도 하는 실체다. 중력의 작용이란 이 신축이 여러 가지 물리 현상에 끼치는 영향인 것이다. 뉴턴이 생각한 것처럼 아무것도 없는 공간을 뛰어넘어서 힘이 작용하는 게 아니다. 천체처럼 거대한 에너지가 집중되어 있는 영역의 주위는 장소로부터 장소로 시공이 연속적으로 일그러져 있는 탓에 물리 현상도 조금씩 다르게 전달된다.

이렇게 생각하면 뉴턴이 남긴 또 다른 수수께끼인 '시간의 흐름'에 관해서도 답을 얻을 수 있다. 뉴턴은 우주 전체에서 동일하게 시간이 흐른다고 가정했다. 직관적으로 말하면, 끊임없이 현재가 갱신되는 식의 흐름이다. 그러나 이 흐름이 어디에서 탄생했고 어떻게 해서 온갖 물리 현상에 작용하는지는 전혀 설명하지 못했는데, 일반상대성이론이라면 "애초에 시간은 흐르지 않는다"라는 형태로 대답할 수 있다.

상대성이론에서의 시공은 고무로 만든 캔버스 같은 것이다. 유화를 그리는 캔버스에는 상하 방향과 좌우 방향이라는 두 방향이 있지만, 시공이라는 캔버스에는 하나의 시간 방향과 세 개의 공간 방향이라는 네 방향이 존재한다(엄밀히 말하면 상대성이론에서는 시간 방향과 공간 방향이 고정되어 있지 않으며 시간과 공간의 방향을 변경하는 자유도自由度가 있지만, 이야기가 복잡해지므로 이 이상은 언급하지 않겠다). 장소마다 이 각각의 방향에 대해 신축이 있으며, 그런 탓에 캔버스에 일그러짐이 발생한다.

세계가 공간 방향으로(3차원적으로) 펼쳐져 있음은 누구나 알고 있겠지만, 사실은 시간 방향으로도(1차원적으로) 펼쳐져 있다. 시간은 흐르는 것이 아니라 과거부터 현재에 이르기까지 펼쳐져서 존재하고 있는 것이다.

현상을 일으키는 '장(場, Field)'

'아무것도 없는 장소는 없다'는 세계관은 '원자론'을 부정하고 '장이론'의 손을 들어주는 견해다. 원자론은, 최대한 간단히 말하면, 원자가 진공 속을 돌아다니거나 서로 결합함으로써 다양한 현상이 일어난다는 발상이다. 물리적 상태는 전부 기본적인 구성 요소인 원자의 운동이나 상호 관계에 따라서 결정되며, 주위의 진공은 어떤 현상도 만들어 내지 않는 형식적인 스페이스(틈새)에 불과하다고 본다.

한편 장이론은 공간 곳곳에 현상을 일으키는 '무엇인가'가 채워져 있으며 이런 '무엇인가'가 응축해서 물질이 된다는 발상이다. 원자론과 장이론의 역사는 매우 깊어서, 고대 그리스에서는 데모크리토스가 원자론을, 아리스토텔레스가 장이론을 주장했다.

뉴턴은 평생에 걸쳐서 원자론을 고수했다. 우주 공간이 완전한 진공이라면 "멀리 떨어진 천체에서 나온 빛이 어떻게 도달할 수 있는가?"라는 질문에 대답해야 하는데, 뉴턴은 빛이 입자의 모임이며 그 빛의 입자가 진공 속을 날아온다고 생각했다. 빛의 입자설은 19세기 초엽까지 빛의 파동설에 대항하는 유력한 가설이었다. 그러나 빛의 간섭 현상을 제시한 토머스 영의 실험 등을 통해서 빛은 파동이라는 견해가 우세해졌다. 게다가 전파 속도가 일치한다는 점 등에서 제임스 클러크 맥스웰(1831~1879)이 빛과 전자기의 파동이 동일하다는 사실을 증명함에 따라 뉴턴식 빛의 입자설은 부정되었다.

맥스웰의 스승이라고도 할 수 있는 마이클 패러데이(1791~1867)는 전기 또는 자기의 현상이 일어나는 영역을 전기장·자기장이라고 불렀는데, 이 호칭들이 점차 전자기 현상의 실체를 가리키게 된다. 전기장·자기장(혹은 둘을 합친 전자기장)이라는 실체가 우주 공간을 포함한 온갖 영역에 골고루 펼쳐져 있으며, 그 '강도'의 변화가 전기·자기의 현상으로 간주되었다. 이렇게 해서 물리학자들 사이에서는, 세계에 가득 차있어서 물리 현상을 일으키는 실체를 '장場, Field'이라고 부르게 되었다.

모두 장이 만들어 낸다

19세기 말엽에는 힘을 매개하는 전자기장과 물질을 구성하는 원자(혹은 그 구성 요소로 여겨진 전자나 이온 등)라는 장과 원자의 이원론이 제창된다. 물리 현상은 그 틀인 시간·공간과 현상을 담당하는 장·원자로 기술할 수 있다는 발상이다.

그러나 20세기에 들어오자 점차 새로운 학설이 제안되면서 장이론을 통한 통일이 추진되었다. 먼저 특수상대성이론을 통해서 시간과 공간이 하나로 통합된 시공으로 간주되었고, 이어서 일반상대성이론을 통해서 이 시공이 경직된 불변의 틀이 아니라 에너지 분포에 맞춰서 늘어나고 줄어드는 유연한 것임이 판명되었다. 중력은 시공의 신축이 만들어 내는 것이며, 변동하는 시공이 중력의 주역, 즉 '중력장重力場'이었던 것이다.

이 책에서는 자세히 언급하지 않겠지만, 1920년대 후반에 제창된 또 다른 새 학설인 '양자론量子論'이 장과 원자의 이원론을 타파했다. 다양한 장에 양자 요동이라는 파동이 발생하면 그 간섭으로 장이 에너지 덩어리처럼 행동한다는 사실이 판명된 것이다. 장에 나타나는 에너지 덩어리는 양자로 불리며, 상황에 따라서는 입자처럼 보이기도 한다. 전자 등 일반적으로 소립자라고 불리는 것은 모두 장이 만들어 낸 겉보기 입자였던 것이다. 전자기장 등의 힘의 장과 전자 등 물질의 장은 모두 양자 요동이 발생하는 장(양자장)으로 취급할 수 있음이 밝혀졌고,

1970년대에 이르자 힘과 물질(혹은 장과 원자)의 이원론은 발전적으로 해체되었다.

현대물리학에서 온갖 물리 현상은 중력장과 양자장이라는 두 종류의 장으로 기술된다. 다만 물리학의 진보는 이 단계에서 정체되어 있다. 아직은 중력장과 양자장을 통일적으로 다루지 못하고 있는 것이다. 통일 이론이 구축된다면 현대물리학은 완성의 영역에 도달해 포스트모던의 시대로 돌입하겠지만, 통일을 위한 실마리는 아직 발견되지 않고 있다(앞으로도 '양자'라는 말은 이따금 사용하겠지만, 양자론에 관해서는 더 설명하지 않을 것이다).

연속적인 시간, 끊어진 시간

현대물리학에 따르면 시간은 온갖 장소에 존재하는 실체다. 물리 현상이라는 그림이 캔버스에 그려져 있다고 한다면, 시간은 이 캔버스를 이루는 날실 같은 것이다. 뉴턴이 생각했던 '어디에선가 작용해서 세계에 변화를 불러오는 형식적인 틀'이 아니다. 현재가 시시각각으로 갱신되는 것 같은 흐름이 아니라 과거부터 미래에 걸쳐 존재하고 있다.

시간은 특별한 예외를 제외하면 끊어지는 일이 없다. 특별한 예외란 블랙홀의 중심 등에 존재하는 특이점 singularity이다. 사람이 발부터 블랙홀에 빠졌을 경우, 발에 작용하는 중력과 머리에 작용하는 중력의 강도가 달라서 중심에 근접하는 도중 몸이 찢겨나간다. 그래도 한동안은 찢겨나간 파편이 남아있겠지만, 중심에 도달한 순간 시간이 '끊어지는' 까닭에 무슨 일이 일어날 것이라는 말조차 할 수 없게 된다. 시간 방향으로 캔버스가 펼쳐져 있지 않기 때문에 물리 현상이라는 그림을 그릴 수가 없는 것이다.

다만 '시간이 끊어진다는 것은 말이 안 된다'고 생각하는 물리학자도 적지 않다. 중력장과 양자장을 통일하면 미지의 메커니즘을 통해서 시간의 단절이 사라질 것이라고 기대하는 물리학자도 있다. 그러나 상대성이론이나 양자론을 연구하는 세계 최고급의 두뇌들도 아직은 이 메커니즘을 밝혀내지 못한 상태다(애초에 그런 메커니즘이 존재하지 않을 수도 있다).

SF 작품에 묘사된 시간 1
시간 여행을 통해서 살펴보는 시간론

SF(Science Fiction 혹은 Speculative Fiction)라고 불리는 창작의 장르에서는 순간이동Teleportation이나 시간 여행Time travel 같은 장치가 중요한 역할을 담당할 때가 있다. 이런 설정은 보통 플롯을 성립시키기 위한 편법으로, 과학적인 근거는 딱히 필요가 없다. 가령 앨프리드 베스터의 《타이거! 타이거!Tiger! Tiger!》는 알렉상드르 뒤마의 《몽테크리스토 백작Le Comte de Monte-Cristo》을 바탕으로 쓴 우주 규모의 복수극으로, 과격한 이야기를 속도감 있게 전개하기 위해 과학적인 합리성을 무시하고 '정신력을 이용한 순간이동'을 효과적으로 사용했다. 그러나 현실감을 담보하기 위해서 과학의 탈을 뒤집어쓴 작품도 있으며, 이런 작품을 접한 독자 중에는 그것이 실제 학설과 어떤 관계가 있는지 궁금해하는 사람도 있을 것이다.

장이론을 전제로 삼는다면, 온갖 현상은 시간·공간의 펼쳐짐 속에서 연속적으로 전달되어 간다. 물론 장이론이 절대적으로 옳다고는 단언할 수 없지만 현시점에서 상당히 신뢰할 수 있는 가설이며, 이 이론을 기반으로 생각을 진행하는 편이 유용하다는 것은 분명하다.

장이론은 오래전부터 인류가 해왔던 몽상에 가혹한 제약을 가한다. 사람들은 멀리 떨어진 다른 나라나 과거·미래로 순식간에 이동하는 판타지를 이야기해 왔다. 그러나 현대의 물리학은 시간적이나 공간적으로 멀리 떨어진 지점으로 순간적으로 이동하는 것을 용인하지 않는다. 출발점과 도달점을 연결하는 경로를 따라서 연속적으로 나아가야 하는 것이다.

먼저, 공간적인 이동에 주목해 보자. 어떤 지점에서 물체가 소멸하고 다른 지점에 재출현한다는 의미에서의 순간이동은 이론적으로 불가능하다고 여겨진다. 최첨단 과학을 소개하는 기사에 '양자 순간이동'이라는 말이 등장할 때도 있지만, 이는 목적지에 미리 물체를 보내놓고 그것이 어떤 상태로 보내졌는지를 먼 곳에서 곧바로 알기 위한 기술일 뿐 물체 그 자체가 순간이동하는 것이 아니다.

한편 우주를 무대로 한 SF 작품을 보면 우주선이 '워프'라고 부르는 특수한 고속 항법을 사용해 멀리 떨어진 항성계로 이동하는 장면을 종종 볼 수 있는데, 이 워프가 실현될 가능성은 있을까?

이와 관련해서 제안되는 아이디어 중 하나로 웜홀을 이용한 워프가 있다. 뉴턴역학의 공간에서는 항상 유클리드기하학만이 성립하는데, 이 경우 두 점을 연결하는 최단 거리는 직선으로 한정된다. 그러나 일반상대성이론에서는 시공을 좀 더 자유롭게 변형시킬 수 있다.

아인슈타인이 1917년에 고안한 우주 모형은 공간이 구면 구조를 띠고 있었다. 평범한 사람이 생각하는 구면은 지구의 표면 같은 2차원의 세계다. 그런데 아인슈타인은 우주 공간이 3차원의 구면이라고 생각했다. 이 3차원 구면은 좁은 범위로 한정하면 (지구의 표면이 부분적으로는 평면처럼 보이는 것과 마찬가지로) 3차원의 유클리드공간처럼 보이지만, 어떤 방향을 향해서 똑바로 나아가면 (마젤란의 함대가 지구를 일주했듯이) 우주를 한 바퀴 돌아서 자신도 모르는 사이에 출발했던 지점으로 돌아온다. 가령 각각 하늘의 북극(북극성 방향)과 남극을 향해서 반대 방향으로 출발한 두 우주선이 있다고 가정하면, 서로 충분히 멀리 떨어졌다고 생각했는데, 헤어졌을 터인 상대가 갑자기 정면에 나타나는 것이다.

아인슈타인의 모델에서는 우주 전체가 유클리드공간과는 다른 구조를 띠고 있는데, 웜홀은 이런 비유클리드적인 구조가 국소적으로 형성된 것이다. 넓은 범위를 대충 바라보면 유클리드기하학이 성립하는 듯이 보이지만 어떤 부분에 주목하면 멀리 떨어진 두 점을 직선보다도 단거리로 연결하는 샛길이 숨어있는 것이다. 이 연결된 부분이 우주 공간 속에 생긴 웜홀(벌레 구멍)이다. 웜홀은 유클리드기하학을 벗어난 특수한 구조지만, 일반상대성이론의 식을 사용해서 논할 수 있다.

• 영화 〈인터스텔라〉의 웜홀 •

2014년에 개봉한 미국 영화 〈인터스텔라Interstellar〉에서는 웜홀을 시각적으로 묘사했다. 웜홀의 끝이 어떻게 되어있는지 이론적으로 확정되지는 않았지만, 외부에서 보면 블랙홀처럼 보인다고 여기는 모델도 존재한다. 블랙홀은 빛조차 탈출하지 못하는 천체로, 새까만 구체처럼 보인다(2019년에 촬영된 블랙홀 사진에서는 주위가 고리 모양으로 빛나고 있는데, 이는 배후에 있는 천체에서 나온 빛이 블랙홀의 중력으로 인해서 휘어진 것이다). 영화는 인류가 아닌 다른 지성이 만든 웜홀의 끝이 토성 근처에 검은 구체의 형태로 출현하면서 시작된다. 멸망의 위기에 놓여있었던 인류는 이주 가능한 행성을 찾기 위해 선발대를 보내는데, 웜홀을 통과한 주인공이 무엇을 목격하느냐가 영화의 주제다.

그런데 〈인터스텔라〉에 묘사된, 워프를 가능케 하는 웜홀은 실제로 존재할까? SF 팬의 기대를 저버리는 것 같지만, 웜홀이 존재할 가능성은 지극히 낮다고밖에 할 말이 없다. 웜홀은 자연적으로 발생하는 구조가 아니다. 우주의 시작인 빅뱅(자세한 내용은 제2장 참조)이 일어난 시점에 에너지는 이미 지극히 균일하게 퍼져있었다. 따라서 시공이 꼬인 벌레 구멍 같은 구조가 우연히, 그것도 천문학적인 규모로 발생하리라고는 생각하기 어렵다. 또한 설령 웜홀이 어떤 메커니즘으로 인해 형성되었다 해도 그 구조가 불안정한 까닭에 금방 소멸해 버린다. 웜홀을 유지하려면 '기묘한 물질(Exotic Matter)'로 불리는, 지금까지 인류가 본 적도 없는 물질을 버팀재로 삼아야 한다. 이렇게 말하면 웜홀의 존재 가능성이 매우 낮음을 이해할 수 있을 것이다.

그러나 일류 물리학자 중에도 웜홀에 관해서 진지하게 연구하는 사람이 적지 않다. 그 이유가 웜홀이 실제로 존재할 것 같아서……는 아쉽게도 아니다. 일반상대성이론처럼 완전히 이해되지 않은 이론의 경우, 상식 밖이라고도 생각할 수 있는 극단적인 상황을 가정함으로써 이론의 적용 한계나 새로운 학설 구축의 실마리를 발견할 수 있기 때문이다. 설령 실제로 존재하지 않더라도 웜홀 연구를 통해서 현재 정체된 감이 있는 이론물리학에 돌파구를 발견할 수 있을지도 모른다.

물론 인류를 아득히 능가하는 초지성체가 우리는 생각도 못 한 방법으로 만든 웜홀이 결코 없다고 단언할 수는 없지만……

• 텔레비전 드라마 〈스타트렉〉의 워프 드라이브 •

〈스타트렉Star Trek〉은 1960년대에 방송이 시작된 텔레비전 드라마로, 지금도 수많은 팬을 매료시키고 있다(일본에서는 '우주 대작전'이라는 제목으로 방영되었다). 이 드라마에서는 우주선 U.S.S. 엔터프라이즈가 우주 곳곳을 항해할 때 '워프 드라이브'라는 초광속 항법을 사용하는 장면이 자주 등장한다.

드라마 속에서 워프의 메커니즘이 설명된 적은 거의 없다. 다만, 아무래도 아공간亞空間이라고 부르는 특수한 장을 만들어 낸 다음 그 내부에서 초광속으로 가속하는 원리인 모양이다. 진지하게 물리학을 논하는 자리에서 아공간이 등장하는 일은 일단 없다고 봐도 무방하지만, 조금이나마 비슷한 것으로는 '막 우주론Brane cosmology'에 나오는 잉여 차원이 있다. 이것은 통상의 유클리드적 3차원 공간 바깥쪽에 다른 차원이 존재하며, 우리가 보는 3차원 우주 공간은 4차원 우주 공간의 내부에 떠있는 막(브레인) 같은 것이라고 보는 발상이다.

안타깝게도 막brane 우주에서의 물리적인 상호작용을 조사해 보니, 물질은 완전히 3차원 공간에 속박되어 있으며 그 밖으로 나가는 것은 불가능하다는 사실이 판명되었다. 잉여 차원으로 이동해서 초광속으로 항해하는 것은 당연히 불가능하다. 막 우주론 이외에도 통상의 3차원 공간과는 다른 공간이 존재한다는 학설이 있지만, 그곳을 통해서 워프할 가능성이 있다고 제시한 학설은 아직 본 적이 없다(워프가 가능하다면 재미는 있겠지만).

• H. G. 웰스의 《타임머신》에 등장하는 시간 여행 장치 •

공간이 아니라 시간을 뛰어넘는 타임머신을 만들려면 어떤 기술이 필요할까? 장이론이 옳다면 공간의 경우와 마찬가지로 시간 여행을 할 때도 시공의 내부를 연속적으로 이동하는 수밖에 없다.

H. G. 웰스가 1895년에 발표한 소설 《타임머신The Time Machine》에는 과거 또는 미래로 이동하는 탈것이 등장한다. 상당한 교양인이었던 웰스는 목적지에 도달하기까지의 시간을 전부 통과해야 함을 깨닫고 있었다. 그래서 소설에서는 시간 여행을 할 때 '공중을 날아가는 탄환이 보이지 않는 것과 같은 이유로' 존재가 희박해져서 보이지 않게 된다는 (구차한) 설명이 나오는데, 물론 그런 일은 불가능하다.

중력이 강한 장소에서는 시간의 경과가 느려지므로 그곳에 있는 사람은 먼 곳에 있는 사람보다 먼저 미래에 도달하는 것처럼 느껴진다. 그 모습을 먼 곳에서 바라보면 마치 슬로모션 영상처럼 보여서 조금 우스꽝스러울 것이다(실제로 시간이 느리게 흐르는 것을 눈으로 보고 알 수 있을 만큼 중력이 강한 천체에 있으면 몸이 납작해져 버릴 테지만).

타임머신은 다양한 SF 작품에 등장하지만, 시공을 연속적으로 이동하는 경로 문제에 관해서 명확하게 기술한 작품은 별로 없다. 가령 시간 여행에 관한 SF 소설의 거장인 로버트 A. 하인라인의 단편소설 〈자신의 구두끈을 당겨서By His Bootstraps〉에서는 공중에 떠있는 고리를 통과함으로써 다른 시각時刻으로 이동할 수 있다. 이처럼 고리나 문 등의 경계를 통과해서 시간을 건너뛰는 것은 수많은 소설이나 영화에서 즐겨 사용하는 패턴인데, 물론 판타지로서는 재미있지만 과학적으로는 지적할 점이 너무나도 많다.

다만 '어두운 터널을 통과하니 그곳은 다른 시대였다'는 묘사는 웜홀을 이용한 시간 여행을 연상시키므로 무작정 황당무계하다고 말할 수는 없다. 웜홀은 이미 이야기했듯이 워프를 가능케 하는(할 수도 있는) 구조인데, 최근에는 타임머신 후보로도 화제가 되고 있다. 일반적으로 웜홀의 입구와 출구는 같은 시각일 것으로 생각된다. 그러나 어떠한 방법으로 입구와 출구의 시간을 다르게 만들 수 있다는 주장이 등장했고, 그 웜홀을 지나가면 과거나 미래로 이동할 수 있을지도 모른다.

웜홀을 이용한 타임머신은 킵 손이나 스티븐 호킹 같은 대단한 물리학자들이 진지하게 논의하고 있는 매우 흥미로운 주제다. 이 문제에 관해서는 제3장에서 다시 설명하겠다.

CHAPTER 2

'흐르는 시간'이라는 착각의 기원

⋮

제1장에서 소개한 일반상대성이론에서의 시간은 물리 현상이라는 그림이 그려지는 캔버스의 날실 같은 것이었다. 이 '시간'은 현재가 시시각각으로 갱신되어 가는 '흐르는 시간'이 아니다. 캔버스 어딘가를 가로로 자른 절단면이 '현재'이고 그곳을 경계로 한쪽은 '과거', 한쪽은 '미래'라는 이질적인 영역이 되는 것이 아니라는 얘기다. 시간은 과거에서 미래에 걸친 온갖 장소에 펼쳐져서 존재한다. 게다가 뉴턴이 생각했듯이 한결같고 직선적인 것이 아니라, 에너지의 분포에 따라서 장소마다 늘어나기도 하고 줄어들기도 한다.

이러한 시간은 일반적인 이미지와는 상당히 다를 것이다. 아마도 '시간은 흐름으로써 물리 현상에 일방향적인 변화를 불러온다'라고 생각하는 사람이 많지 않을까 싶다. 실제로 물리 현상 중에는 일방향적이고 되돌릴 수 없는 변화가 엄청나게 많다. 불이 붙은 양초는 타오르면서 계속 짧아질 뿐, 녹은 양초가 측면을 기어오르면서 자연적으로 길어지는 일은 절대 없다. 그릇에 담겨있던 물이 쏟아졌을 때, 아무리 열심히 쓸어 담아도 어딘가에 스며들었거나 공중으로 증발한 물까지 되찾기는 어려운 일이다. 또한 곤충이나 짐승, 인간 등의 다양한 생물은 태어나서 성장해 죽음에 이를 때까지 되돌릴 수 없는 변화를 계속한다.

그런데, 진지하게 생각해 보길 바란다. 변화를 '되돌릴 수 없는' 이유는 정말로 시간이 흐르기 때문일까? 반대로 변화를 되돌릴 수 없는 결과로서 시간이 흐른다고 느끼는 것일 수도 있다. 변화를 되돌릴 수가 없고 다시 시작할 수도 없는 까닭에, 마치 작은 배를 타고 급류를 떠내려가듯이 시간의 흐름에 몸을 맡기고 있다는 감각이 생겨난다는 얘기다.

만약 시간이 흐르고 있지 않다면 이번에는 '시간을 날실로 삼는 캔버스 위에 왜 날실을 따라서 일방향적으로 변화하는 그림(=물리 현상)만 그려지는 것일까?'라는 수수께끼가 생긴다. 시간이 흐르지 않는데도 우리의 주변에서 되돌릴 수 없는 무수한 변화들이 보이는 이유를 설명해야 하는 것이다.

이 질문에 대해 현대과학이 흠잡을 데 없는 정답을 내놓지는 않았다. 그러나 통계역학(분자, 원자, 소립자 등 미립자의 운동법칙을 바탕으로 거시적인 물질의 성질이나 현상을 확률적으로 설명하려는 역학—옮긴이)과 우주론을 조합하면 대략적인 답은 얻을 수 있다. 제2장에서는 시간이 흐르는 '것처럼 느껴지는' 이유를 밝혀내고자 한다.

1. 시작의 수수께끼

시간을 반전시키면……

시간의 흐름이 물리 현상에 작용해서 일방향적인 변화를 불러오는 것이라면, 변화의 과정을 비디오카메라로 촬영한 뒤 거꾸로 재생할 경우 현실에서는 결코 일어날 수 없는 일을 찍은 비정상적인 영상이 될 것이다. 실제로 대부분의 역재생 영상은 보는 순간 이상하다는 느낌이 든다. 종이를 태우는 영상을 역재생할 경우, 재떨이 안에 있는 까만 재 속으로 연기가 빨려 들어가고 불꽃이 올라오면서 점점 한 장의 종이가 되어 가는 장면은 어린아이조차도 이상함을 느끼는 모양인지 아이들에게 보여주면 깜짝 놀란다고 한다.

그러나 역재생해도 기묘해 보이지 않는 사례가 있다. 가령 진자가 좌우로 천천히 흔들리는 영상은 시간을 거꾸로 돌려도 좌우로 흔들릴 뿐이기에 전혀 어색해 보이지 않는다. 공기저항 때문에 진폭이 점점 작아지는 경우라면 몰라도, 일본 국립 과학박물관에 전시된, 길이가 무려 19미터나 되는 푸코의 진자(지구가 자전함에 따라서 진동면이 조금씩 회전함을 증명하는 진자)처럼 추가 무겁고 추를 매단 줄이 길 경우 좌우로 흔들리는 영상만으로는 역재생인지 아닌지 거의 구분이 안 된다.

자칫하면 시간의 방향을 잘못 판단할 수 있는 영상도 있다. 작은 구체가 경사면을 굴러가는 영상의 경우, 경사면을 내려가면 순재생이고 올라가면 역재생이라고 생각하기 쉽다. 그러나 위를 향해서 올라가도록 힘을 줘서 굴릴 수도 있는 까닭에, 거대한 진자와 마찬가지로 구르는 모습만으로는 시간의 방향을 알 수 없다.

그렇다면 역재생한 영상을 본 순간 이상하다고 느끼게 하는 변화는 어떤 것일까? '원자·분자가 관여하는 변화'라고 대답하는 사람도 있을지 모른다. 분명히 종이가 불타거나 물이 증발할 때는 분자의 층위에서 변화가 진행된다. 참고로, 종이의 연소는 종이 분자(주로 셀룰로스)의 열분해→일산화탄소 등 가연성 기체의 발생→기체와 산소의 결합에 따른 발열→종이 분자의 열분해→…… 이러한 연쇄반응이 계속되는 과정이다. 원자·분자의 거동이 일방향적인 변화를 만들어 내는 것처럼도 보인다.

그러나 분자 층위의 변화가 없더라도 역재생했을 때 이상하게 보이는 경우는 있다. 구체적인 예로 주사위를 생각해 보자.

왜 여러 개의 주사위를 던졌을 때 주사위 눈이 자연적으로 일치하지 않을까?

작은 주사위 여러 개를 상자에 집어넣고 안에서 이리저리 굴러다닐 정도의 진동을 가하는 상황을 생각해 보자. 정육면체의 각 면에 1개부터 6개까지의 눈이 그려진 주사위는 6분의 1의 확률로 각각의 눈이 위로 온다. 주사위 600개를 넣은 상자에 지속적인 진동을 가해 상자 안에서 제멋대로 구르도록 만든 뒤 확인해 보면, 1이 나온 주사위의 수는 확률적으로 600개의 6분의 1에 가까운 약 100개(103개일 수도 있고 98개일 수도 있다)가 된다.

그러면 주사위 600개가 들어있는 상자에 진동을 가하는 과정을 비디오카메라로 촬영했다고 가정하자. 영상을 재생했을 때, 처음에는 규칙성 없이 제각각이었던 주사위의 눈이 이리저리 구르는 사이에 점점 일치하더니 마지막에는 전부 1이 된다면 틀림없이 '이거 뭔가 이상한데? 사실은 역재생한 거 아니야?'라는 생각이 들 것이다.

그렇다면 모든 주사위의 눈이 1이 되는 과정이 왜 기묘하게 느껴지는 것일까? 단순히 "그런 일은 있을법하지 않으니까"라고 대답하지 말고, 왜 있을법하지 않은지 생각해 보기 바란다.

답을 말하자면, 주사위의 눈이 전부 1이 되는 패턴은 오직 한 가지뿐이기 때문이다. 나오는 눈이 1 또는 2 중 하나라면 600개의 주사위 하나하나마다 두 가지 패턴이 있으므로 모든 주사위에 대한 패턴 수는 2의 600제곱, 즉 181자리에 이르는 엄청난 수가 된다(수학을 잘하는 사람이라면 2의 10제곱이 거의 1,000이므로 2의 600제곱이 1,000의 60제곱에 가까운 181자리의 수가 됨을 암산으로 구할 수 있을 것이다). 주사위의 눈이 전부 1이 되는 패턴은 오직 한 가지뿐인데, 1이나 2 중 하나라면 181자리나 되는 수의 패턴이 있는 것이다. 1부터 6까지 어떤 눈이 나오든 상관없을 경우 그 패턴의 수는 더욱 엄청난 규모가 된다. 이렇게 보면 '전부 1'이 나오는 것이 얼마나 있을법하지 않은 패턴이고 자연적으로 실현될 리가 없는 상황인지 이해할 수 있을 것이다.(그림 2-1)

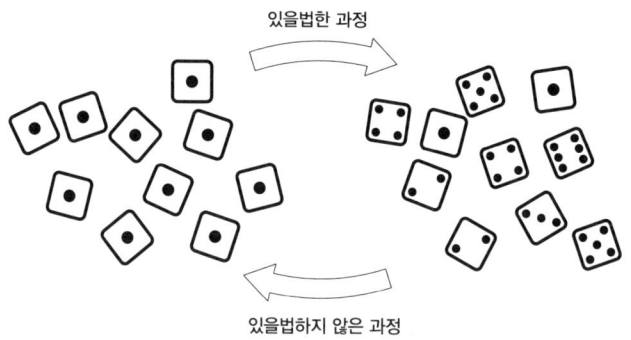

그림 2-1 주사위의 통계 법칙

상태의 패턴 수가 적음에도 외부에서의 강제 없이 그 상태로 이행할 경우, 역재생을 하면 부자연스럽고 이상해 보인다. 반대로 '있을법한', '실현되기 쉬운' 상태로 향하는 과정은 자연스러워 보인다. 보통은 이런 자연스러운 과정만 일어나는 것이 '통계 법칙'이라는 자연계의 기본 법칙이다.

거시적인 물리 현상은 통계 법칙을 따른다

통계 법칙은 운동방정식으로 표현되는 것과 같은 엄밀한 물리법칙은 아니다. 주사위의 눈을 1부터 6까지 거의 같은 비율로 출현시키기 위해서 어떤 보이지 않는 힘이 주사위를 움직일 리 없는 것이다. 어디까지나 구성 요소가 많은 시스템의 집단적인 거동('주사위 하나하나의 눈이 어떻게 나오느냐가 아니라 전체적으로 어떤 분포가 되는가' 등)에 관한 법칙으로, 경향성을 나타낸다고 볼 수도 있다. 그럼에도 대부분의 물리 현상에서 엄밀하다고 말해도 무방할 만큼 적은 오차로 성립한다.

수많은 구성 요소가 관여하는 현상에서는 패턴 수의 '많음/적음'에 극단적인 차이가 나타난다. 수백 개의 주사위조차도 (한 자리와 181자리처럼) '자릿수의 자릿수'가 달라지는 것이다. 원자·분자가 직접 관여할 경우, 패턴 수가 적은 상태가 자연적으로 실현될 가능성은 전혀 없다고 해도 과언이 아닐 것이다. 한 컵 분량의 물속에도 수백 개(세 자리) 같은 수준이 아니라 25자릿수나 되는 수의 물 분자가 들어있기 때문이다(고등학교에서 화학을 배운 사람은 180밀리리터의 물이 10몰이라는 사실을 이용해 분자의 수를 계산할 수 있을 것이다).

인간의 눈에 보일 만큼 거대한(전문 용어로는 '거시적인') 물체는 방대한 수의 원자·분자로 구성되어 있다. 이런 물체가 외부로부터 강제적인 힘을 받지 않고 자연적으로 변화할 경우, 보통은 되돌릴 수 없는 일방향적인 과정이 된다. 이는 시간의 흐름이 되돌릴 수 없는 신비한 변화를 가져오기 때문……이 아니라, 더 패턴 수가 많은 상태로 이행하는 것이 통계적으로 봤을 때 '지극히 있을법한' 일이기 때문이다.

즉, 거시적인 물리 현상이 통계 법칙을 따르는 까닭에 시간 경과가 되돌릴 수 없는 일방향적인 흐름처럼 느껴지는 것이다.

멈춘 진자가 다시 움직이지 않는 이유

공기 속에서 진자가 흔들리는 모습을 상상해 보기 바란다(앞에서 언급한 푸코의 진자만큼 거대하지는 않은 진자를 떠올려 보자). 평범한 진자는 공기저항 때문에 점차 진폭이 작아지다 이윽고 정지한다. 이 과정은 일방향적이며, 그 영상을 역재생하면 정지한 상태였던 진자가 혼자서 다시 움직이기 시작하는 굉장히 기묘한 모습이 된다.

변화가 일방향적인 이유는 에너지에 주목하면 쉽게 이해할 수 있다. 정지한 상태였던 추를 나무망치로 때려서 진자를 흔들기 시작했다고 가정하자. 나무망치로 때림으로써 추에 운동에너지가 공급되는데, 이 에너지가 어떻게 될지 생각해 보자. 이때 공기저항이 진폭을 줄이므로 진자뿐만 아니라 주위의 공기까지 고려하면서 에너지를 논할 필요가 있다. 공기 속에서는 질소나 산소 등의 기체 분자가 자유롭게 날아다닌다. 상온의 기체 1리터 속에는 23자리에 이르는 방대한 수의 분자가 존재하며, 그 속도는 평균하면 음속보다 조금 빠른 정도(산소 분자의 경우 초속 500미터 정도)다.

주위를 날아다니던 기체 분자는 진자의 추와 충돌하는데, 전방에서 추의 움직임과 반대 방향으로 충돌했을 경우 질량이 작은 기체 분자는 튕겨 나가면서 운동에너지가 증가하고 추는 반대로 에너지를 잃어 속도가 줄어든다.(그림 2-2) 후방에서 충돌해 추에 에너지를 주는 기체 분자도 있지만, 추가 그 기체

그림 2-2 진자와 기체 분자의 충돌

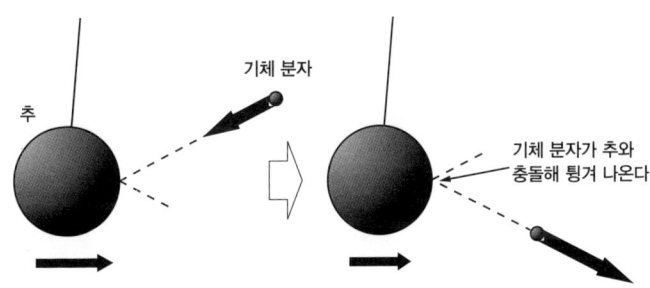

분자로부터 도망치듯이 움직이는 까닭에 그 수는 에너지를 빼앗는 분자보다 적다. 그렇게 추는 수많은 충돌을 통해 지속적으로 에너지를 잃으며, 결국 모든 운동에너지를 주위의 기체 분자에 주고 멈춘다.

진자와 공기를 아우르는 시스템에 공급된 에너지가 어떻게 분배되었느냐는 관점에서 이 과정을 바라보자. 최초의 단계에서는 모든 에너지가 추에 집중되고 그 주위에 있는 방대한 수의 기체 분자에는 전혀 분배되지 않는 지극히 편향된 상태였다. 그랬던 것이 추가 기체 분자와 충돌해 에너지를 계속 주고받는 과정에서 평준화되어, 공급된 에너지가 추와 기체 분자에 평등하게 분배된 것이다. 그리고 최종적인 단계에 이르면 추는 거의 정지한다. 엄밀히 말하면 추를 구성하는 원자·분자도 기체 분자와 마찬가지로 열운동을 하고 있지만, 고체 내부에서의 열운동은 진폭이 원자와 같은 수준의 진동인 까닭에 우리 눈에는 그 움직임이 보이지 않는다.

공급된 에너지가 편향적으로 분배된 상태에서 평준화하는 과정은 1의 눈이 위를 향하고 있는 수많은 주사위에 진동을 계속 가해서 무작위로 굴리는 상황과 약간 비슷하다. 인간이 일부러 그렇게 만들어 놓았기에 처음에는 편향되어 있지만, (주사위가 구르거나 기체 분자가 충돌해서) 무작위의 변화가 오랫동안 계속되면 편향되어 있었던 것이 평준화되어 간다. 어떤 기체 분자가 에너지를 얼마나 지니느냐 하는 패턴의 수는 방대하므로, 패턴 수를 생각하면 이 과정은 에너지가 추에만 집중되는 '지극히 편향된' 상태에서 수많은 기체 분자에도 분배되는 '있을법한' 상태로의 변화로 간주할 수 있다.

엔트로피라는 지표

눈이 전부 1이었던 주사위가 굴려져서 다양한 눈이 나오는 사례나 움직이고 있던 진자가 공기저항 때문에 정지하는 사례처럼, 패턴 수가 적은 상태에서 출발한 시스템은 패턴 수가 많은 상태로 자연스럽게 이행한다. 이것은 (주사위나 분자 같은) 시스템을 구성하는 요소가 매우 많을 경우 통계적인 거동으로서 지극히 당연한, 굳이 말하자면 필연적인 과정이다. 반대로 패턴 수가 적은 상태로 변화하는 과정은 주사위 여러 개를 굴리는데 전부 1이 나오는 것처럼 지극히 부자연스럽고 이상해 보인다.

통계적인 현상을 다루는 물리학의 분야에서 패턴 수가 많다/적다를 나타내는 것으로 '엔트로피'라는 물리량이 있다. 통계 법칙을 따르는 자연스러운 과정에서는 패턴 수가 적은 상태에서 많은 상태로 변화하는데, 이것을 엔트로피라는 용어를 사용해 '자연스러운 상태에서는 엔트로피가 증가한다'라고 표현할 수도 있다. 이것이 그 명칭만큼은 전문가가 아닌 사람들에게도 상당히 많이 알려진 '엔트로피 증가의 법칙'이다.

다만, 엔트로피라는 용어 자체는 알아도 그 의미는 알지 못해서 어떤 신비한 작용으로 엔트로피가 증가한다고 오해하는 사람도 있는 듯하다. 그러나 엔트로피가 증가하는 것은 결코 수수께끼 같은 현상이 아니다. 무작위로 구르는 여러 개의 주사위나 공기저항을 받는 진자같이 지극히 당연한 현상을 물리학적인 용어로 표현한 것일 뿐이다.

열은 왜 온도가 낮은 쪽으로 흐르는가?

엔트로피는 본래 열이 항상 온도가 높은 곳에서 낮은 곳으로 흐르며 반대 방향으로는 절대 흐르지 않는 현상을 설명하기 위해 도입된 개념이다(이제부터는 약간 난해한 이야기가 나온다).

물체의 온도라고 하면 손으로 만졌을 때 '뜨겁다' 또는 '차갑다' 같은 감각을 떠올리겠지만, 물리학적으로는 에너지의 분배에 관한 지표다. 물체를 구성하는 원자나 분자가 에너지를 주고받으면 에너지 분배의 패턴이 점차 편향되지 않은 평준화된 형태가 된다. 그리고 최종적으로는 패턴의 수가 압도적으로 많고, 무작위로 에너지를 주고받는 사이에 가장 도달하기 쉬운 에너지 분배 패턴으로 안정된다. 이런 분배가 실현된 상태를 평형상태라고 부른다.

평형상태에 도달하지 않은 물체에서는 장소에 따라 에너지 분배에 편향이 존재한다. 평형상태에 비해 큰 에너지를 지닌 원자·분자의 비율이 높은 영역은 '온도가 높다', 반대로 작은 에너지를 지닌 원자·분자의 비율이 높은 영역은 '온도가 낮다'고 여겨진다. 고온 영역과 저온 영역이 있는 물체는 평형상태에서 벗어나 있으며, 에너지 분배가 가장 있을법한 패턴에서 벗어나 편중되어 있다. 통계 법칙은 에너지를 재분배해 있을법한 패턴에 접근시키려 하는 경향으로 나타난다.

물체의 내부에서 에너지를 무작위로 주고받으면 고온 영역에 있는 큰 에너지를 가진 원자·분자에서, 저온 영역에 많은 작은 에너지를 가진 원자·분자로 에너지가 이동한다. 이 에너지의 이동이 열의 흐름이다. 고온의 물체를 만졌을 때 느끼는 뜨겁다는 감각은 급격한 에너지의 유입을 감지한 신호인 것이다.

평형상태가 실현되어 있지 않을 때는 에너지가 열의 형태로 고온의 영역에서 저온의 영역으로 흘러가는데, 이 과정은 패턴 수가 많고 실현되기 쉬운 상태로 가는 자연스러운 변화다. 패턴 수가 많은 상태로 변화하는 것이므로, 패턴 수의 많고 적음을 나타내는 지표인 엔트로피는 증가한다.

주사위 같은 (에너지의 분배를 동반하지 않는) 경우에는 온도라는 개념이 사용되지 않는다. 다만 '엔트로피가 증가하는 것은 통계 법칙에 따라서 패턴 수가 많은 상태로 자연스럽게 이행하기 때문'이라는 점은 주사위에도 진자에도 공통적인 사항이다.

엔트로피에 대한 오해

'엔트로피는 무질서함을 나타내는 양이다'라고 설명하는 경우가 종종 있는데, 이것은 오해를 부를 수 있는 표현이다. 실제로 엔트로피가 적은 상태가 반드시 질서 잡힌 상태라고는 말할 수 없다.

진자의 운동을 떠올려 보길 바란다. 진자가 크게 진동하고 있다는 것은 인간에게 '진자시계가 제대로 작동하고 있다'와 같이 목적대로 기능하고 있는 상태를 의미한다. 그러나 에너지 분배의 관점에서 보면 에너지가 추에 집중된 굉장히 편중된 상태다. 편중된 상태를 '질서 잡힌 상태'라고 말할 수 있을까?

아이들이 한 줄로 나란히 서있는 모습은 어른들의 눈에 굉장히 질서 정연한 광경으로 보이지만 아이들의 관점에서는 강제된, 부자연스러운 상태다. 모두가 제각각 행동하는 쪽이 더 자연스럽다. 진자의 경우도 이와 비슷하다. 인간의 눈에는 잘 움직이는 것 같았던 진자가 정지하고 그 에너지가 주위에 흩뿌려지는 것이 질서를 잃고 무질서해진 상황처럼 보일지도 모른다. 그러나 에너지의 분배라는 관점에서 생각하면 편중되었던 것이 평준화되어 가장 자연스러운 모습이 된 것이다.

이런 이야기를 굳이 하는 이유는, 엔트로피를 무질서함으로 해석할 경우 도저히 이해할 수 없는 의문이 생기기 때문이다. 만약 '엔트로피=무질서함'이라는 해석이 옳다면 엔트로피 증가의 법칙은 세계가 항상 무질서한 방향으로 나아간다는 것을 의미하는데, 그렇다면 한 가지 의문이 머릿속에 떠오를 것이다. '그럼 세상이 시작된 순간에는 어땠을까?'라는 의문이다.

인간이 살고 있는 우주는 138억 년 전 빅뱅을 통해서 탄생한 것으로 여겨진다. 만약 엔트로피가 증가하는 자연스러운 시간 변화가 질서를 잃는 과정이라면 '빅뱅의 순간부터 우주는 계속 질서를 잃어가고 있는데 어떻게 생명이라는 고도로 질서 잡힌 존재가 있을 수 있는가?'라는 수수께끼가 생겨난다.

이 수수께끼를 해결하려면 빅뱅과 엔트로피를 올바르게 이해해야 한다. 이 문제에 관해서 생각해 보자.

COLUMN

알려지지 않은 천재 여성이 있었다

주사위 같은 인공적인 사례를 제외하고 자연계에서 일어나는 물리 현상으로 한정하면, 대부분의 경우 엔트로피는 에너지 분배의 편중과 관련지을 수 있다. 에너지는 '전체 에너지는 항상 일정하다'라는 '에너지 보존의 법칙'을 충족할 것이 보증되어 있어서, 이것이 어떻게 분배되느냐에 따라 엔트로피의 정의가 가능해지기 때문이다.

그렇다면 에너지란 대체 무엇일까? 사실 인류는 19세기까지만 해도 에너지에 관해서 정확히 이해하지 못했다. 20세기가 되어서야 비로소 엄밀한 정의가 탄생했는데, '시간이 경과해도 물리법칙이 변화하지 않는 것에서 도출되는 보존량'이 바로 그것이다.

'물리법칙이 시간에 의존하지 않는' 것은 물리학의 기본적인 원리로 간주된다. 이 원리를 추상적인 수식으로 표현하고 변형시켜 나가면 시간 경과에 따라 변화하지 않고 일정 값을 유지하는 물리량의 존재가 도출된다. 이것이 바로 에너지다. 에너지란 물질에 활력을 불어넣는 신비한 무언가가 아니라, 수학적인 성질에서 도출되는 양이다.

이와 같은 에너지의 정의는 20세기 초엽에 활약한 여성 수학자 에미 뇌터(1882~1935)의 연구에서 유래했다. 뇌터는 일반적으로 물리법칙이 변하지 않는 변환을 고찰하고, 그런 변환이 있으면 보존량을 정의할 수 있음(이른바 '뇌터 정리')을 증명했다. 이 정리를 사용하면, '시간이 경과해도 변하지 않을' 경우 에너지가 보존되는 것과 마찬가지로, '장소를 이동해도 변하지 않을' 경우 운동량이, '방향을 바꿔도 변하지 않을' 경우 각운동량이 보존됨을 이끌어 낼 수 있다. 살짝 고도의 논리를 구사하면 전하(電荷)의 보존법칙도 제시할 수 있다.

여성 수학자가 거의 없었던 시대인 데다 또 유대인이기도 했던 까닭에 뇌터는 부당한 차별로 고통받으면서도 수많은 위대한 업적을 남겼다. 그중에서도 뇌터 정리는 양자론의 발전에 결정적인 역할을 했으며, 물리학에

COLUMN

기여한 가장 중요한 수학 이론 중 하나로 평가받고 있다. 해석학(解析學)을 이용한 난해한 이론이다 보니 전문가들을 제외하면 뇌터의 이름을 아는 사람이 거의 없지만 20세기를 대표하는 과학자임에는 틀림이 없다.

2. 빅뱅은 폭발이 아니다

뉴턴역학이 시간의 방향을 결정하는가?

주사위 1개가 진동으로 인해서 계속 불규칙하게 구르기만 하는 영상이라면 시간을 거꾸로 재생해도 이상하게 보이지 않는다. 그러나 처음에 전부 1이었던 주사위 여러 개의 눈이 점점 일치하지 않게 변해가는 영상과, 각기 다른 눈이 나왔던 주사위가 전부 1로 맞춰져 가는 영상의 경우 당연히 후자가 이상하게 보일 터이다.

이런 상황은 시간의 방향성을 결정하는 것이 뉴턴역학이 아님을 의미한다. 주사위는 뉴턴역학을 따르면서 구르지만, 그 구르는 모습을 보고 '과거에서 미래로' 같은 시간의 방향을 특정할 수는 없다. 뉴턴이 고안한 운동의 법칙(힘=질량×가속도)은 시간의 방향을 반대로 하더라도 그대로 성립한다. 수학적으로 말하면, 시간에 마이너스 부호를 붙임으로써 방향을 반전시키더라도, 운동법칙을 나타내는 수식(운동방정식)은 변하지 않는 것이다.

자동차가 급정거하면, 그 자동차에 타고 있는 사람은 관성의 법칙에 따라서 운동을 계속하려 하기 때문에 몸이 앞으로 기울게 된다. 이 광경을 비디오카메라로 촬영해서 역재생하면, 자동차가 후방으로 급발진한 것처럼 보인다.(그림 2-3) 이때 자동차에 타고 있는 사람은 처음에 몸이 앞으로 기우는데, 역재생이라는 사실을 모른 채로 본 사람은 딱히 기묘한 영상이라고 느끼지 않고 몸이 관성의 법칙에 따라서 정지한 채로 있으려 하기 때문에 몸이 자동차가 달리기 시작한 방향과 반대로

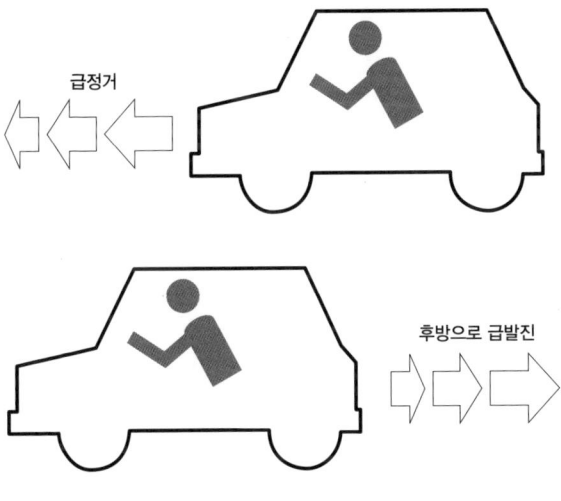

그림 2-3 뉴턴역학에서의 시간 반전

기울었다고 해석할 것이다. 요컨대 순재생을 하든 역재생을 하든 영상은 관성의 법칙이 성립하는 뉴턴역학을 따르는 것이다. 뉴턴의 운동법칙이 시간을 반전시켜도 변함없이 성립하기에 생기는 결과다.

다만 엔진을 탑재한 자동차의 경우는 휘발유 연소라는 다수의 분자가 관여하는 과정이 포함되기 때문에 역재생 영상을 자세히 살펴보면 배기가스가 배기관으로 도로 빨려 들어가는 기묘한 모습이 된다.

통계적인 과정이 표면화되지 않고 적은 수의 물체가 뉴턴역학을 따르면서 움직이고 있을 때는 역재생을 해도 전혀 이상함을 느끼지 못한다. 궤도 위를 움직이는 거대한 행성에만 주목하고 날씨 같은 통계적 현상은 무시한다면 시간의 방향은 결정할 수 없다. 타원궤도나 면적속도 일정 같은 케플러의 법칙은 행성 운동의 영상을 순재생하든 역재생하든 변함없이 성립한다.

뉴턴역학뿐만 아니라 전자기학이나 일반상대성이론, 나아가 소립자에 관한 양자장론까지 포함한 기초적인 물리학 이론은 모두 시간을 반전시켜도 똑같이 성립한다. 요컨대 시간의 방향을 결정하는 법칙은 아닌 것이다(엄밀히 말하면, 소립자의 경우는 시간을 반전시키는 데 그치지 않고 공간을 반전시키거나 물질과 반물질을 서로 바꾸는 등의 추가 조작이 필요하다).

시간의 경과와 함께 발생하는 변화가 일방향적으로 느껴지는 것은 기초적인 물리 법칙의 특징이 아니다. 바꿔 말하면, 현실 세계에 '시간을 흐르게 하는' 물리법칙은 존재하지 않는다.

방향이 없는 법칙에서 방향을 만들어 내는 방법

 애당초 기초적인 법칙에 시간의 방향이 없다면 왜 우주에 시간의 흐름이 있는 듯이 느껴지는 것일까? 주사위의 예를 떠올려 보면 한 가지 가능성이 발견된다. 주사위 1개가 진동으로 인해 데굴데굴 굴러가는 영상을 봐도 그것이 순재생인지 역재생인지는 알 수 없다. 뉴턴역학은 시간이 반전되어도 변함없이 성립하기 때문이다. 그러나 처음에 수많은 주사위의 눈을 전부 1로 일치시켜 놓은 다음 진동을 가해서 눈을 바꿨을 경우에는 이야기가 달라진다. 전부 1이 나온 편중된 상태에서 점차 편중이 사라져 가는 영상은 아무리 봐도 이상한 점을 느끼지 못하지만, 그 영상을 역재생하면 무작위였던 주사위의 눈이 점차 1로 통일되어 가는 과정이 되기 때문에 명백히 이상한 광경이 된다. 요컨대 '시간에 방향이 있다'고 느끼게 하는 원인은 '주사위의 눈이 전부 1로 통일되어 있다'는 편중된 상태의 존재에 있는 것이다.

 이 예는 기초적인 변화의 법칙에 시간의 방향이 없다 하더라도, 처음에 심하게 편중된 상태였을 경우 일방향적인 변화가 발생한다는 것을 보여준다. '과거에서 미래로'라는 시간의 방향을 절대 바꿀 수 없다고 느끼는 이유는 그 방향으로 시간을 흐르게 하는 물리법칙이 있어서가 아니라 애초에 편중된 상태였기 때문이다. 물리법칙은 시간을 반전시켜도 그대로 성립하지만, 다수의 구성 요소가 통계적인 법칙에 따라서 일방향적으로 변화하면 시간의 방향이 결정되는 것이다.

그렇다면 이 우주는 처음에 어떤 상태였을까?

빅뱅에서 시작된 우주

우주는 어떻게 시작되었을까? 과거에는 신화에서나 이야기되는 주제였지만, 일반상대성이론이 완성되자 우주의 시작에 관한 과학적인 논의가 가능해졌다. 1922년 알렉산드르 프리드만(1888~1925)은 아인슈타인이 고안한 구면 구조의 우주(54쪽 'SF 작품에 묘사된 시간 1-시간 여행을 통해서 살펴보는 시간론' 참조)가 시간의 흐름과 함께 어떻게 변화하는지 조사했는데, 조사 결과 우주는 불안정해서 가만히 있지 못한다는 사실이 판명되었다. 일반상대성이론에 따르면 우주 공간은 항상 팽창하거나 수축하는 것이다.

물질의 크기를 정하는 것은 결정結晶에서 원자와 원자의 간격인데, 그 값은 원자 물리의 법칙에 따라서 결정된다. 우주 공간의 팽창·수축은 이런 물질의 크기에 견주었을 때 은하 사이의 거리가 증가·감소한다는 것을 의미한다. 우주가 구면처럼 단순한 구조일 경우, 우주 전체가 커지거나 줄어든다.

유감스럽게도 아인슈타인은 이 주장을 올바르게 이해하지 못하고 강하게 비판했으며, 그런 탓도 있어서 프리드만의 업적은 한동안 빛을 보지 못했다. 그러나 프리드만이 37세라는 젊은 나이에 세상을 떠나고 4년 후, 인간이 사는 우리은하에서 봤을 때 다른 은하가 전부 멀어지고 있다는 사실이 발견됨에 따라 우주 전체가 팽창하고 있다는 '팽창 우주론'이 부활했다.

프리드만이 얻은 결과에 입각해서 시간을 거슬러 올라가면, 우주는 과거의 어떤 순간에 물질이 가득 채워진 고온·고밀도 상태에서 탄생한 셈이 된다. 이 탄생 방식이 폭발을 연상시키는 까닭에, 최초의 순간은 빅뱅('커다란 쾅(하는 폭발음)')으로 명명되었다. 처음에는 많은 사람이 빅뱅 이론을 근거도 없는 장대한 공상일 뿐이라며 무시했지만, 1960년대에 들어와서 빅뱅의 여열餘熱이라고도 할 수 있는 우주배경복사가 관측됨에 따라 현재는 확고한 정설이 되었다.

다만, 우주가 폭발에서 시작되었다는 발상과 '엔트로피가 증가한다'는 통계 법칙을 연결시키면 기묘한 결과가 도출된다. 폭발은 극도의 혼란 상태다. 그것이 핵폭발이든 가스 폭발이든 분진 폭발이든, 일반적인 폭발은 에너지를 방출하는 핵분열이나 산화 등의 반응이 연쇄적으로 일어나는 과정이다. 최초의 반응이 어떤 형태로 일어나느냐, 핵물질이나 가연성가스 등의 연료가 어떻게 분포되어 있느냐 같은 구체적인 요인에 따라서 폭발 과정이 다양하게 변화하는 까닭에, 폭발로 방출된 에너지는 장소마다 큰 편차가 있다. 그 결과 거대한 에너지의 흐름이 생겨나며, 어떤 파괴가 발생하느냐 같은 주변에 끼치는 영향은 일정하지 않다.

만약 빅뱅이 거대한 폭발이라면, 우주가 극도의 혼란 상태에서 시작되었고 그 후 엔트로피 증가의 법칙에 따라 더욱 혼란스러움이 가중되어 갔다고도 생각할 수 있다. 이런 상태에서 우주에 질서 잡힌 무언가가 탄생할 가능성은 제로에 가까울 것이다. 그러나 인간이 사는 이 우주에는 생명이라는 고도의 질서 잡힌 존재가 있다. 물리학적으로 봤을 때 어떻게 이런 일이 일어날 수 있었을까?

답은 간단하다. 빅뱅은 사실 폭발이 아니었다.

암흑 에너지가 팽창을 일으킨다

빅뱅을 폭발이라고 생각했던 큰 이유는 우주 공간이 팽창하고 있다는 관측 사실 때문이었다. 은하계(우리은하)에서 보면 다른 은하가 모두 멀어지고 있는데, 이것을 우주 공간이 은하를 실은 채로 풍선처럼 부풀고 있기 때문이라고 생각하면 이해하기 쉬울 것이다. 부풀어 오르는 풍선 위에 있는 어떤 은하

에서 바라보면 다른 은하는 전부 자신으로부터 멀어지고 있는 듯이 보인다.(그림 2-4)

팽창을 계속하는 우주 전체의 영상을 역재생하면 우주 공간은 수축하고 모든 은하가 서로 접근하게 된다. 그리고 최종적으로는 은하가 밀집한 상태가 되며, 각각의 은하가 가진 에너지가 전부 합쳐져 엄청나게 거대한 값이 된다. 이것이 초기 우주의 고온·고밀도 상태다.

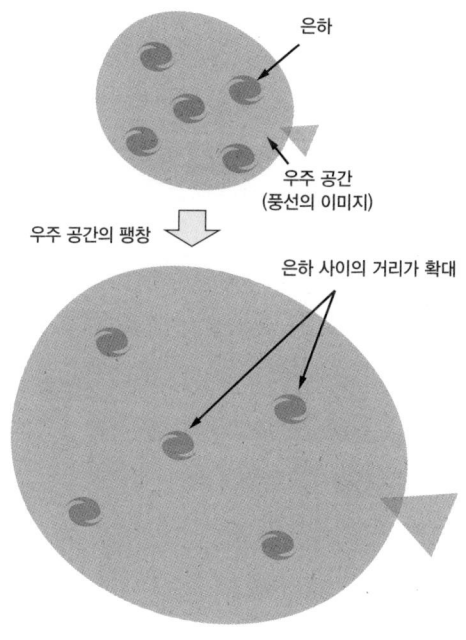

그림 2-4 팽창 우주와 은하

우주는 매우 고온·고밀도인 상태에서 시작해 기세 좋게 팽창하고 있다. 이것이 최초의 순간은 엄청난 대폭발이었다는 이미지를 만들어 냈다. 처음의 기세가 지금까지도 지속되고 있는 까닭에 우주 공간은 지금도 팽창하고 있다는 것이다.

그런데 그 후 다른 시나리오가 제안되었다. 우주가 공간의 특성으로 인해서 팽창하고 있다는 생각이다. 프리드만은 논문에서, 일반상대성이론의 방정식에 '우주항'이라고 부르는 항이 있으면 공간은 자연스럽게 팽창한다고 제시했다. 이 항은 본래 상수로서 아인슈타인이 도입한 것인데, 상수가 아니라 공간 자체가 지닌 일종의 에너지라고 생각하면 빅뱅이 일어난 원인을 적절히 설명할 수 있다는 사실이 판명되었다. 그리고 이 에너지는 현재 '암흑 에너지'로 불리고 있다. 다만 암흑 에너지가 구체적으로 어떤 성질을 지니고 있는지는 전혀 알 수 없다.

평온했던 빅뱅

우주 공간은 본래 물질이 없는 공허한 상태인 채로 공간 자체에 갖춰진 암흑 에너지의 효과로 계속 팽창하고 있었다. 그런데 어떤 순간에 잠재적인 암흑 에너지가 (이를테면 외부에서 방출되어서) 현재화되어 물질이나 힘의 토대가 되는 장(이른바 양자장)을 심하게 진동시켰다. 그 결과 우주 공간은 양자장의 파동이 만든 물질로 채워진 세상이 되었다. 암흑 에너지가 현재화된 과정이 바로 빅뱅이다.

빅뱅 이전에는 물질이 존재하지 않았기에 에너지의 편중이 없었고 어디든 같은 상태였다. 아무것도 없는 허무의 세계가 암흑 에너지를 지닌 공간의 성질에 따라서 계속 팽창하고 있었다. 빅뱅은 오로지 팽창할 뿐이었던 허무의 세계가 갑자기 물질을 만들어 내는 세계로 변화한 순간이었다. 왜 이런 변화가 일어났을까? 암흑 에너지가 특수한 상호작용을 했기 때문이라고 설명하는 이론도 있지만 물리학자들의 지지를 많이 받지는 못했다(빅뱅 이전에 암흑 에너지만으로 우주 공간이 팽창하고 있었다는 주장은 일반적으로 '인플레이션 이론'이라고 불리는데, 이 이론에는 수많은 판본이 있으며 결정판이라고 말할 수 있는 것은 아직 없다). 우리가 알고 있는 것은 이런 변화가 폭발처럼 연쇄적으로 일어난 것이 아니라 어떤 이유로 모든 공간에서 일제히 일어났다는 점이다. 그래서 장소에 따른 차이가 거의 없이 모든 곳에서 거의 같은 형태로 물질이 탄생했다.

빅뱅은 연쇄반응이 무질서하게 계속되는 폭발과는 질적으로 다른 과정이다. 에너지밀도는 높지만 일반적인 폭발에서 볼 수 있는 격렬한 에너지 흐름을 동반하지 않는 평온한 시작이었던 것이다.

무엇이 은하를 풍요롭게 만들었는가?

빅뱅이 일어나기 직전까지 암흑 에너지의 효과로 팽창을 계속하고 있었던 우주 공간은 빅뱅 이후에도 그 기세로 계속 팽창했다. 에너지 분포가 일정해 모든 곳에서 똑같이 물질이 탄생했던 까닭에 장소에 따라 팽창 속도에 차이가 생기지도 않았다. 만약 빅뱅이 거대한 폭발이었다면 에너지 분포에 편차가 생겼을 것이며, 그 결과 엄청나게 거대한 블랙홀이 우주 공간 곳곳에 형성되었을 터이다. 현재 관측되는 대형 은하에는 대부분의 경우 중심 부근에 초거대 블랙홀이 있다. 우리은하의 중심부에도 질량이 태양의 400만 배로 추정되는 블랙홀이 존재한다. 그러나 빅뱅이 핵폭발처럼 에너지 분포에 편차가 있는 폭발이었다면 이와는 비교도 되지 않는 초초거대 블랙홀이 우주를 지배했을 것이다.

초초거대 블랙홀이 수없이 존재하는 우주에서는 수많은 은하가 블랙홀에 통째로 집어삼켜진다. 물질의 흐름은 상상을 초월할 만큼 격렬하며, 물질과 물질의 마찰로 발생한 강렬한 방사선이 날아다니는 거친 우주가 된다. 이런 우주에서는 생명이 탄생하기가 어려울 것이다. 그러나 현실의 우주는 수많은 은하가 병존하는 온화하고 풍요로운 곳이 되었다.

3. 우주는 파괴되어 간다

공명 상태로서 남겨진 에너지

이 우주에 물질이 탄생한 순간인 빅뱅은 대폭발이 아니라 모든 곳이 똑같이 고온·고밀도가 되는 균일한 상태였다. 공간 팽창이 일어나지 않았다면, 장場이 마치 뜨거운 물처럼 고온이 된 상태가 유지되어서 어떤 구조도 만들어지지 못했을 것이다. 그러나 공간이 팽창해 우주 전체의 부피가 증가한 결과 에너지밀도가 저하되면서 온도가 점점 낮아졌다.

에너지가 희박해지면 보통은 장의 진동이 점차 작아져서 아무것도 없는 진공 상태를 향하게 된다. 우주 공간은 빅뱅 이전과 마찬가지로 아무것도 없는 허무의 세계로 돌아가는 것이 자연스러운 흐름처럼 생각된다. 그러나 양자장의 경우는 그렇게 되지 않는다. 곳곳에 공명共鳴 상태가 되는 에너지의 덩어리가 남는 것이다. 거대한 지진이 일어난 뒤에 지진의 진동이 가라앉았음에도 지진파에 공명한 빌딩이 계속 흔들리는 것과 같은 현상이다. 동일본 대지진 당시 도쿄 신주쿠의 고층 빌딩군이 주기가 몇 초인 느린 진동의 성분(장주기 지진동)과 공명했으며, 개중에는 10분 이상 계속 흔들린 건물도 있었다.

장에 남겨진 에너지 덩어리는 마치 입자처럼 거동한다. 이것이 (이미 제1장에서도 언급했던) '소립자'의 정체다. 왜 에너지가 덩어리가 되어서 남겨졌는지는 양자장론이라는 난해한 물리학 이론을 공부하지 않으면 이해하기 어려운데, 여기에서는 비유를 사용해서 최대한 간단하게 설명해 보겠다.

양자장의 강도는 그 자체가 파동의 성질을 지니고 있지만, 영원히 커질 수는 없다는 제약이 있는 까닭에 말하자면 '갇힌 파동'이 된다. 욕조에 갇힌 목욕물의 물결이 같은 장소에서 위아래로 움직이는 것과 마찬가지로, 장의 강도 역시 어디로도 나아가지 않는 파동(이른바 '정상파')을 형성한다. 정상파는 공명의 한 가지 패턴이며, 그 에너지는 공명이 가능해지는 특정 값으로 한정된다. 아인슈타인은 에너지가 일정량의 덩어리가 된 것을 '에너지 양자'라고 명명했는데, 이것이 양자론이라는 명칭의 유래다.

양자장이 공명 상태를 형성함으로써, 공간이 팽창해도 빅뱅의 에너지가 완전히 희박해지지 않고 소립자의 형태로 남게 되었다. 이것이 물질세계가 탄생한 계기다.

그리고 물질세계가 탄생하다

소립자에는 전자나 양성자(엄밀히 말하면 양성자는 여러 부분으로 구성된 복합 입자이며 그 구성 요소인 쿼크가 소립자이지만)처럼 물질을 형성하는 것, 빛의 소립자인 광자처럼 힘의 원천이 되는 것 등 여러 종류가 있다. 여기에서 중요한 점은 장의 에너지가 어디에 어떤 형태로 남겨지느냐는 상당 부분 우연에 의존한다는 것이다. 전자나 양성자가 언제 어느 곳에 형성되는지까지 정해져 있지는 않다. 그래서 소립자의 밀도에는 장소에 따른 차이가 아주 약간이나마 존재한다.

우주 공간이 충분히 식자 에너지 양자는 대부분 전자와 양성자만 남겨지게 되었다. 전자와 양성자는 각각 마이너스의 전하와 플러스의 전하를 지니고 있다. 빅뱅 직후의 뜨거웠던 시기에는 격렬히 날아다녔지만, 온도가 내려감에 따라 플러스와 마이너스의 전하가 서로를 끌어당겨서 결합해 수소 원자를 형성했다.(그림 2-5) 이렇게 해서 우주 곳곳에서 수소 가스가 만들어졌는데, 본래 장소마다 소립자의 밀도에 차이가 존재했던 까닭에 그 영향으로 가스의 농도(수소 원자의 밀도)도 일정하지 않게 되어 주위보다 아주 조금이나마 가스가 짙은 곳과 옅은 곳이 생겨났다.

일반상대성이론의 성질로서, 어딘가에 에너지가 집중되면 그 주위의 시공이 일그러지고 에너지를 가진 것들이 서로를

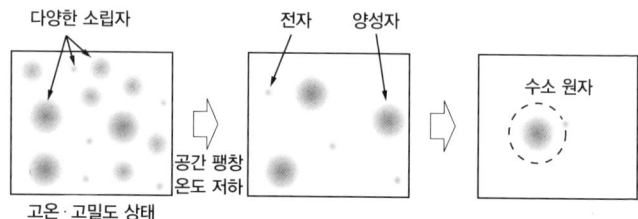

그림 2-5 식어가는 우주와 물질

끌어당기게 된다. 이것이 '만유인력(보편중력)'이라는, 중력의 독자적인 성질이다. 이 성질로 인해 가스의 농도가 높은 지역에는 주위에서 점점 가스가 모여들었고, 이윽고 수소 가스가 주성분인 가스 천체를 형성하게 되었다.

대량의 가스가 모임으로써 가스 천체가 거대해지자 스스로 만들어 낸 중력에 의해 중심부에서 수소 가스가 강하게 밀집, 압축되고 결국 수소 원자의 원자핵(보통은 1개의 양성자다)이 융합해 헬륨 원자핵으로 변하는 핵융합반응이 일어났다. 원자핵의 구성이 바뀜에 따라 본래 빅뱅의 잔류 에너지로 내부에 축적되어 있었던 에너지의 일부가 방출되었는데, 이 방출 에너지가 천체를 가열해 밝게 빛나는 고온의 천체를 만들어 냈다. 이것이 바로 항성의 탄생이다.

항성의 내부에서는 핵융합이 계속되어 산소, 질소, 탄소부터 철에 이르기까지 다양한 원소가 생성되었다. 그리고 항성이 수명을 다해 물질을 내뿜을 때 이 원소들이 우주 공간으로 방출되었다. 이렇게 해서 물질세계를 형성하는 원소가 준비된 것이다.

빈 서판Tabula Rasa으로서의 초기 우주

공간이 팽창하지 않는다면 빅뱅 직후 에너지가 균일하게 퍼진 상태를 영원히 유지할 수 있다. 그러나 현실의 공간에는 같은 크기를 유지하지 못하는 불안정성이 존재하며, 우주의 경우는 일관되게 팽창하고 있다. 그 결과 에너지가 희박해져 온도가 떨어졌지만, 빅뱅의 에너지가 소립자라는 공명 상태가 되어서 일부 장소에 남겨져 물질을 만들어 냈다. 그리고 물질은 만유인력의 작용으로 서로를 끌어당겼다. 이렇게 해서 우주는 균일하지 않게 되었고, 진공에 가까운 우주 공간 곳곳에 천체가 떠있는 복잡한 구조의 세계로 변모했다.

이렇게 생각하면 우리가 현재 보고 있는 물질세계가 실현된 것은 처음에 '깨끗하지만 불안정한' 상태가 있었기 때문임을 알 수 있다. 빅뱅 직후의 균일한 고온·고밀도 상태가 공간의 팽창으로 식어간 결과, 일단은 가스가 거의 일률적으로 옅게 펼쳐진 상태가 되었다. 구조라고 할 수 있는 것은 거의 없고, 가스의 농도에 약간의 차이가 있을 뿐인 '깨끗한' 세계다.

그러나 만유인력이라는 성질로 인해 이 아주 작은 농도의 차이가 점차 커져갔다. 깨끗했던 상태는 사실 불안정했던 까닭에 아주 작은 계기로 농도의 차이가 계속 확대되어, 가스가 응집한 천체와 진공에 가까운 우주 공간으로 나뉘었다. 가스가 응집하는 방식은 출발점에서의 아주 작은 밀도 차이나 가스 흐름의 차이가 영향을 주는 까닭에 무수한 패턴이 있을 수 있다.

나는 물질세계를 만들어 내는 초기 우주의 상태를 표현할 때 '빈 서판(타불라 라사Tabula rasa)'이라는 비유를 즐겨 사용한다. 타불라 라사는 '아무것도 적혀있지 않은 석판'이라는 뜻인데, 일반적으로는 갓 탄생한 영혼에 대한 비유로 사용되지만 초기 우주의 깨끗하고 불안정한 상태에 대한 비유로도 안성맞춤이라고 본다. 아직 아무 일도 일어나지 않은, 그러나 무한한 가능성을 숨긴 상태인 것이다.

우주가 파괴되고 시간이 흐르다

우주는 깨끗한 상태에서 시작했으며, 그 후로 줄곧 '파괴되고' 있다. 여기에서 파괴된다고 표현한 것은 물질이 예상조차 할 수 없는 형태로 응집되어 가는 과정이다. 처음에 모두 1이었던 수많은 주사위에 진동을 줘서 굴렸을 때 어떤 눈이 나올지는, 정신이 아득해질 만큼 다양한 패턴이 있기에 예상이 거의 불가능하다. 우주의 시간 변화도 이와 마찬가지다. 어떻게 될지 알 수 없는 변화를 계속하기에, 최초의 균질하고 알기 쉬운 상태와 비교하면 파괴된다고밖에 표현할 길이 없는 혼란스러운 과정이 되는 것이다.

깨끗한 상태로 시작해 점점 파괴되어 가는 것이 우주의 숙명이므로, 그 변화는 항상 일방향적이다. 가스가 응집해서 탄생한 항성은 시간이 경과해 핵연료를 전부 써버리면 적색거성의 단계를 거쳐 백색왜성이나 중성자별, 블랙홀이 된다. 블랙홀이 회춘해서 평범한 항성으로 돌아가는 일은 결코 없다. 거대한 천체 집단인 은하 중에서 가스가 풍부한 젊은 은하는 천체를 활발히 형성하지만, 결국은 가스를 잃고 새로운 천체를 만들어 내지 못하는 황량한 타원은하가 된다. 거대한 타원은하가 분열해서 다시 활발히 천체를 만드는 작은 젊은 은하가 되는 일은 불가능하다.

이 우주에서 시간이 흐르는 것처럼 보이는 건 빅뱅이라는 시작에 원인이 있는 것이다.

생명 진화를 위한 유예기간

초기 우주의 에너지 분포는 온갖 방향에서 쏟아져 내려오는 우주배경복사를 조사해서 알 수 있다. 이 복사는 말하자면 빅뱅의 여열 같은 것으로, 모든 방향에서 같은 복사가 온다면 빅뱅의 에너지 분포가 매우 균일했다는 뜻이 된다.

우주배경복사는 1964년에 처음 관측됐으며, 그 후 관측 기기가 발전함에 따라 정밀도가 점점 높아졌다. 특히 1989년에 발사된 인공위성 COBE와 2001년에 발사된 탐사기 WMAP(지구와 같은 궤도를 따라서 태양의 주위를 도는 인공 '행성')의 데이터가 우주론의 진전에 결정적인 역할을 했다.

현재의 관측 데이터에 따르면, 빅뱅 순간의 에너지 분포는 지극히 균일했으며 편차가 거의 없었다. 즉 빅뱅은 폭발과는 전혀 다른 양상을 보였다. 편차가 조금 더 있었다 해도, 처음의 상태에서 파괴되어 간다는 '시간의 흐름(에 해당하는 것)'은 발생했을 것이다. 다만 편차가 거의 없었던 덕분에, 우주에 생명이 발생하기 위한 유예기간이 생겼다. 빅뱅이 이 정도로 평온하지 않았다면 생명이 발생할 여유도 없이 물질세계가 붕괴해 갔을 것이다. 태양의 수십만 배나 되는 질량이 단숨에 모이면 항성이 빛을 내기 시작하는 데 필요한 기간을 기다릴 일도 없이 블랙홀이 형성되어 버리기 때문이다. 그러나 다행히 이 우주에서는 물질이 그다지 격렬한 흐름을 만들지 않은 채 작게 소용돌이치면서 응집한 덕분에, 우주론적인 규모로 보면 작은 항성이 여럿 만들어졌다. 우리은하에만도 최소 2,000억 개나 되는 항성이 존재한다.

거대한 항성일수록 수명은 짧아서, 질량이 태양의 10배가 되면 수명은 1,000만 년 정도에 불과하기 때문에 지적 생명체가 발생하기가 상당히 어려워진다. 지구의 경우에도 인류가 등장하기까지 수십억 년이 걸렸기 때문이다. 그러나 태양과 같은 수준이거나 약간 작은 항성이라면 생명의 진화가 가능해진다. 이런 작은 항성은 중심부의 핵융합으로 표면 온도가 수천 도의 고온 상태를 유지하며 수십억 년에서 수백억 년이라는 세월 동안 계속 빛을 발한다. 가스가 소용돌이를 그리면서 응집한 결과 항성 주위에는 수많은 행성 또는 소행성이 돌고, 개중에는 지구처럼 표면에 바다가 있는 곳도 나타난다.(그림 2-6)

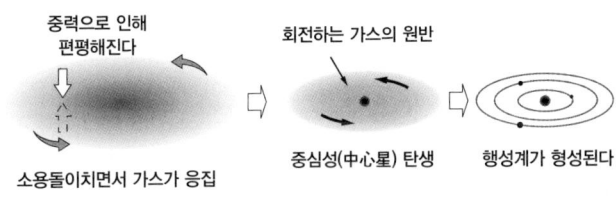

그림 2-6 항성과 행성의 형성

우주 공간은 급격히 팽창한 까닭에 온도가 저하되어 자연계의 최저 온도인 절대영도 근처(섭씨온도로 영하 270도 전후)까지 냉각되었다. 행성은 항성에서 날아온 빛을 받지만, 주위의 우주 공간에 적외선의 형태로 열을 방출하기 때문에 항성에 비하면 상당히 저온이 된다. 이렇게 해서 고온의 항성과 저온의 행성이라는, 온도 차이가 극단적인 상태가 수십억 년에서 수백억 년이나 계속된다. 이미 (74쪽의 '열은 왜 온도가 낮은 쪽으로 흐르는가?'에서) 이야기했듯이 엔트로피는 온도 차이와 밀접한 관계가 있어서, 장소에 따른 온도의 차이가 클수록 평형상태에서 크게 벗어나므로 엔트로피는 작아진다. 항성과 행성의 시스템에서는 이와 같이 엔트로피가 작은 상태가, 생명체의 입장에서는 충분히 길다고 말할 수 있을 정도의 기간에 걸쳐 유지되는 것이다.

이 기간은 생명의 진화에 매우 중요하다. 우주라는 가혹한 세계에서 생명이 탄생해 진화한 것은 빈 서판 상태로 시작해서 파괴되어 가는 도중 우주의 관점에서는 지극히 짧은 순간, 허무로 돌아가기까지의 발걸음을 늦춘 유예기간이 존재한 덕분이다.

우주가 생명을 가능케 한다

수소와 산소는 우주 공간에 존재하는 원소 중 첫 번째와 세 번째로 많은 원소다. 그런 까닭에 이 두 원소가 결합해서 생기는 물은 행성계 내부에 상당히 풍부하게 존재한다(참고로, 두 번째로 많은 원소는 화학결합을 하지 않는 헬륨이다). 다만 항성과 가까이 있거나 중력이 약한 행성은 물 같은 액체가 증발해서 사라지기 때문에 바다가 없는 암석 행성이 된다(태양계에서는 태양과 너무 가까운 수성과 금성, 바다를 유지할 수 있을 만큼의 중력이 없었던 화성과 소행성이 이에 해당한다). 또한 물이 얼어붙을 만큼 항성으로부터 멀리 떨어져 있으면 중력으로 인해서 모인 얼음이 핵이 되어 거대한 행성을 형성한다(태양계에서는 목성부터 해왕성까지의 행성이 이에 해당한다).

지구처럼 태양으로부터의 거리나 질량이 적절한 값이면 상당히 긴 시간에 걸쳐 지표면에 바다를 유지할 수 있다. 이렇게 해서 고온의 항성에서 방출된 빛이 저온의 바다에 지속적으로 흘러드는 시스템이 형성된다. 생명의 발생·진화에 필요한 것은 이런 시스템이다.

엔트로피가 증가하는 가장 전형적인 과정은 고온 영역에서 저온 영역으로 열이 흐르는 과정이다. 온도 차이가 큰 시스템의 엔트로피는 작으며, 전체 온도를 똑같이 만드는 방향으로 열이 흐름으로써 엔트로피가 증가한다. 항성-행성계는 고온과 저온의 영역이 뚜렷하게 분리된 엔트로피가 작은 상태이며, 항성이 방출하는 복사에너지가 차가운 우주 공간에 흩뿌려지는 형태로 엔트로피가 급격히 증가하는 시스템이다. 이렇게 격렬한 에너지의 흐름이 발생하는 시스템에서는 그 흐름에 수반되어 국소적으로 엔트로피가 감소하는 과정이 생겨날 수 있다. 생명은 항성에서 방출되는 에너지의 일부가 행성 표면에 형성된 차가운 바다에 쏟아져 내리면서 탄생한 것이다(이 과정에 관해서는 제4장에서 자세히 설명하겠다).

인류가 살고 있는 이 우주에서는 빅뱅이 온화했던 덕분에 매우 많은 수의 항성-행성계가 형성되었고, 곳곳에서 고온의 항성으로부터 저온의 행성으로 빛이 쏟아지고 있다. 그중 극히 일부 지역에서 우연히 생명의 발생과 진화가 일어나는데, 모집단이 되는 항성-행성계의 수가 큰 까닭에 행성들 중 어딘가에서 생명이 발생·진화할 확률은 상당히 높을 터이다. 온화한 빅뱅이 발단이 되어서 생명이 존재할 수 있게 된 것이다.

이처럼 우주 규모의 엔트로피 변화라는 거대한 과정 속에서 성장했기에 인간이 시간의 흐름을 느끼는 것인지도 모른다. 다만 시간의 흐름을 느끼게 하는 이런 변화가 영원히 계속될 리는 없다. 수천억 년쯤 지나면 태양과 같은 수준의 질량을 보유한 빛나는 항성은 우주에서 자취를 감추고, 질량이 작으며 적외선만을 방출하는 약한 항성만 남게 될 것이다. 그래도 원시적인 생명이 어딘가에서 탄생할 가능성은 있지만, 자릿수가 수십에 이르는 햇수가 지나면 물질적인 천체는 전부 붕괴되고 우주에는 블랙홀과 그 사이를 날아다니는 극소수의 소립자만이 남게 된다. 그리고 이윽고 블랙홀조차도 증발해, 우주에는 사실상 아무것도 존재하지 않게 된다. 엔트로피가 증가하지도 감소하지도 않는, 시간이 흐르지 않는 세계가 되는 것이다.

COLUMN

시간을 거꾸로 달리는 소립자

어떤 유형의 소립자에는 통상적인 입자에 대한 '반입자'가 존재한다. 전자에 대한 반전자(역사적인 이유에서 '양전자'라고 불린다), 양성자에 대한 반양성자 등이 그것이다. 입자와 반입자는 장에 발생한 반대 방향의 비틀림 같은 것으로, 장에 에너지를 주입하면 입자와 반입자가 쌍으로 생성되고 충돌하면 쌍으로 소멸하며 에너지가 방출된다. 우리 주변에 명확한 형태로 존재하는 반물질은 없다.

만약 입자와 반입자가 쌍으로 생기거나 소멸할 뿐이라면 둘은 항상 같은 수이며, 우주 공간이 식었을 때 합체해서 함께 소멸할 것이다. 그렇다면 왜 이 우주에는 입자로 구성된 물질만 남고 반물질은 사라진 것일까?

오랫동안 물리학자들을 고민에 빠뜨렸던 이 수수께끼를 푼 인물은 구소련의 물리학자인 안드레이 사하로프(1921~1989)다. 난해한 내용이기에 요점만 간략하게 소개하겠다.

반입자의 거동을 나타내는 식에서는 시간의 부호가 입자의 식과 정반대가 된다. 이것은 식으로 나타낼 때의 관습에 불과하며, 실제로 반입자가 미래에서 날아올 리는 없다. 다만 시간의 부호를 반전시켰을 때 입자와 반입자의 거동에 차이가 있으면 우주에서 둘의 운명에 차이가 생겨난다. 만약 시간의 부호를 반전시켜도 차이가 없다면 어느 한쪽만이 남는 일은 절대 없다. 그러나 전자가 반양성자로 변화하는 과정과 반전자가 양성자로 변화하는 유형의 소립자 반응이 있고, 게다가 시간 반전에 대한 차이 때문에 전자가 반양성자로 변하는 과정과 반전자가 양성자로 변화하는 과정이 같은 빈도로 일어나지 않는다고 가정하면 상황이 달라진다. 우주 초기의 어떤 순간에 전자와 반전자, 양성자와 반양성자가 같은 수가 아니라 전자가 후자보다 아주 약간 많은 사태가 일어날 수 있는 것이다. 이 우주에서는 실제로 그런 사태가 일어난 까닭에 물질만이 남은 것으로 추측되고 있다.

COLUMN

사하로프는 훗날 인권 활동가로 유명해졌으며, 그 업적으로 노벨 평화상을 받았다. 그러나 사하로프가 물리학자로서도 초일류였음을 기억했으면 한다.

SF 작품에 묘사된 시간 2
문학에 등장한 엔트로피

엔트로피는 수많은 SF 작품에서 독자의 흥미를 끌어내는 장치로 사용되어 왔다. 다만 단순히 '무질서함의 척도' 같은 부정확한 의미로 사용된 경우가 많으며, 물리학자들도 고개를 끄덕이게 되는 수준으로 올바르게 사용한 작품은 소수에 불과하다(사실 SF 이외의 작품을 봐도 엔트로피라는 용어를 올바르게 사용한 경우는 많지 않다).

가령 2011년에 방영된 텔레비전 애니메이션 〈마법소녀 마도카☆마기카〉에서는 종반에 핵심 인물이 "너는 엔트로피라는 말을 알고 있니?"라는 말로 이야기를 시작하더니, "에너지는 형태를 변환할 때마다 낭비가 발생해. 그래서 우주 전체의 에너지는 계속 감소하고 있어"라고 말한다. 여기에서 말하는 에너지는 운동에너지 같은 역학적인 에너지에 엔트로피의 기여를 가미한 '자유에너지'로, 간단하게 말하면 '이용 가능한 에너지'를 의미한다. 엔트로피가 증가하면 이용할 수 있는 에너지는 감소하므로, 그 핵심 인물의 말처럼 계속 감소하는 중이다.

여기까지는 올바른 물리학 이야기지만, 바로 그다음에 인간의 감정을 에너지로 변환할 수 있다는 이야기가 나오고, "너희의 영혼은 엔트로피[증가의 법칙]를 뒤엎는 에너지원이 될 수 있어"라고 주장하면서 과학적인 이론에서 멀어져 간다.

이 작품은 엔트로피뿐만 아니라 상전이(相轉移)라든가 평행우주 등의 자르곤(jargon, 특정 업계나 집단 내의 사람들만 의미를 이해할 수 있는 전문 용어)을 많이 사용하며, 과학적으로 정확하지는 않지만 시청자들에게 여러 가지 문제를 깊게 생각해 보도록 만드는 훌륭한 판타지다.

여기에서는 엔트로피에 관해 올바르게 이해한 작품으로 소설 세 편을 소개하겠다.

• 토머스 핀천의 《엔트로피》에 묘사된 열사(熱死)의 광경 •

《엔트로피Entropy》는 20세기 후반의 미국을 대표하는 문호 토머스 핀천이 젊었을 때 집필한 단편소설로, SF라기보다는 순문학이다. 이 작품은 조만간 아파트를 나갈 작정인 주민이 개최한 영원히 끝나지 않는 시끌벅적한 파티와, 바로 위층의 있을 수 없을 만큼 예술적이고 조용한 시간의 흐름을 클래식부터 재즈에 이르기까지 다양한 음악을 인용해 대비적으로 묘사한다.

흥미로운 점은 곳곳에서 엔트로피의 법칙에 근거한 직유가 사용됐다는 것이다. 엔트로피의 증가는 온도 차이를 없애는 방향으로 세계를 변화시키는데, 핀천은 온도가 균일해지고 있는 '열사(熱死)'의 광경을 묘사한다. 죽어가는 작은 새를 손으로 감싸도 마치 "열의 이동이 불가능해진 듯이" 새의 몸을 따뜻하게 해주지는 못한다. 파티가 끝없이 계속되는 동안 "날씨는 정신없이 변하고 있는데 온도계의 수은 기둥은 화씨 37도를 가리킨 채"다. "하늘은 전체가 깊어져 가는 균일한 회색"으로 뒤덮여, 세계에서 차이가 사라져 간다.

작가는 엔트로피 증가의 법칙을 질서 정연한 차이가 사라지고 혼돈스러운 동일화를 향하는 경향으로 파악하고 있는데, 과학적인 관점에서도 상당히 정확한 이해다.

• 인류를 향한 묵시록, 테드 창의 〈숨〉 •

엔트로피의 본질을 올바르게 파악한 SF 작품이라고 하면 중국계 미국인 작가 테드 창의 단편 〈숨Exhalation〉을 제일 먼저 꼽을 수 있을 것이다. 현실과는 전혀 이질적인 공상 속의 세계를 그린 작품이지만, 그곳에 나타난 이변을 연구하는 과학자가 내놓은 무서운 결론은 인류를 향한 묵시록으로도 읽을 수 있다.

현실의 우주에서 생명을 가능케 하는 것이 항성에서 행성으로 날아온 빛인 데 비해, 이 소설에 묘사된 세계에서 우주 활동을 추진하는 엔진은 기압의 차이에 따른 공기의 흐름이다. 기압의 차이는 오랫동안 거의 일정하게 유지되고 있지만 그럼에도 조금씩, 그러나 확실히 감소하고 있다. 이는 엔트로피가 증가해 온도의 차이가 사라져 가고 있는 세계의 메타포(은유)다.

작가인 테드 창은 1990년에 데뷔한 이래 30년 동안 단편집 두 권만을 발표했을 뿐이지만, '컨택트'라는 제목으로 영화화된 《당신 인생의 이야기Stories of Your Life and Others》를 비롯해 매우 수준 높은 작품을 내놓는 것으로 유명하다.

• 그렉 이건의 《시간의 화살》에 등장하는 시간이 흐르지 않는 세계 •

SF는 '현실'이라는 틀에 얽매이지 않음으로써 일종의 사고실험을 가능케 한다. 그렉 이건의 《클록워크 로켓Clockwork Rocket》, 《영원한 불꽃The Eternal Flame》, 《시간의 화살The Arrows of Time》로 구성된 '직교Orthogonal' 3부작은 시공의 기하학이 민코프스키 시공(46쪽 '[칼럼] 시공을 발견한 과학자' 참조)과는 다른 세계의 이야기로, 과학자들이 다가올 파국을 어떻게 회피하는지를 그렸다.

익히 알려져 있듯이 상대성이론에서는 광속을 자연계에서 가장 빠른 속도로 여기는데, 이는 민코프스키 시공의 시간과 공간 사이에 뛰어넘을 수 없는 경계가 있다는 데서 도출된다. 가장 빠른 것은 이 경계를 따라가듯이 이동하는 경우이며, 빛과 다른 몇몇 소립자의 운동이 이에 해당한다.

반면에 이건의 3부작에서는 시간과 공간을 가로막는 기하학적인 조건을 변경했다. 우리가 사는 우주에서는 현재와 과거/미래의 사이를 이동하거나 정보를 주고받을 수 없다. 이것은 '과거는 지나갔고 미래는 아직 오지 않았기 때문'이 아니라 시간과 공간의 경계를 뛰어넘을 수 없기 때문이다. 그러나 이런 경계가 없는 이건의 우주에서는 (특히 제3부인 《시간의 화살》에서 다뤄지듯이) 인과율이 성립하지 않는다거나 빅뱅 이후로 엔트로피가 계속 증가하는 '시간의 흐름'이 발생하지 않는 등, 여러 가지 기묘한 상황이 생긴다.

작가가 이런 우주를 무대로 개연성 있는 이야기를 만들어 낼 수 있는지 시험하는 것처럼 마치 외줄타기와도 같은 스토리 전개를 보여주기에, 과학적 지식이 있는 독자들도 즐겁게 읽을 수 있다.

CHAPTER 3
순환하는 시간, 분기하는 시간

⋮

 일반상대성이론을 통해서 시간이 '신축 가능한 캔버스의 날실과도 같은 것'이라는 사실이 상당히 명확해졌고, 빅뱅에 관한 관측 데이터가 축적됨에 따라 왜 시간이 흐르는 것처럼 느껴지는지도 거의 판명되었다. 그렇다면 시간에 관해서 완전히 해명된 것일까? 그렇지는 않다. 아직 수많은 수수께끼가 남아있으며, 개중에는 SF 작품의 주제가 될법한 상식 밖의 수수께끼도 있다.

 제3장에서는 시간의 순환(미래에서 과거로 되돌아가는 경로가 있다)과 분기(역사가 분기되어 여러 개의 세계가 병존한다)라는 두 가지 주제를 다룰 것이다. 양쪽 모두 기존의 학설을 바탕으로 극한까지 추론을 진행한 결과 도출된 것으로, 현대물리학의 귀결임에도 이단적인 이론처럼 보이는 기괴한 내용이다. 과연 정당한 주장인지도 아직은 알 수 없지만, 흥미로운 주제이기에 소개하려 한다.

1. 순환하는 시간

시공은 어디까지 변형할 수 있을까?

시간 이동을 하는 타임머신을 만드는 것은 먼 옛날부터 인류의 꿈이었는데, 언젠가는 그 꿈을 이룰 수 있을까?

일반상대성이론에 따르면 시공은 에너지의 분포에 따라서 늘어나거나 줄어들기도 하고 변형되기도 한다. 뉴턴의 생각처럼 '공간은 형태가 명확한 틀이며, 시간은 우주 전체에서 균일하게 흐르는' 것이 아니다. 이렇게 말하면 '그렇다면 시공을 적절하게 변형시켜서 시간 이동을 할 수 있지 않을까?'라고 기대하는 사람도 있을지 모른다. 그러나 시간 이동이 가능하도록 시공을 일그러뜨리는 것은 현실적으로 매우 어려운 일이다. 점토 공예를 하듯이 미래의 어떤 지점에서 시공을 길게 잡아 늘여 과거의 적당한 지점에 붙이면 미래와 과거를 연결하는 '타임 터널'을 만들 수 있을 것 같지만, 문제는 시공을 잡아 늘이

거나 붙이려면 물리학적으로 어떻게 해야 하느냐다.

인간이 알고 있는 세계는 1차원의 시간과 3차원의 공간으로 구성되어 있는데, '평범한' 일반상대성이론에서 다루는 것도 이와 같은 4차원의 시공이다. 시공의 변형이란 이 4차원 시공의 각 지점에서 시간·공간의 척도를 바꾸는 것이며, 그 이상의 복잡한 변형은 불가능하다.

구체적인 이미지를 사용해서 설명하겠다. 실수로 책에 물을 쏟으면 페이지가 물결치듯 쭈글쭈글해진다. 이것은 물이 스며든 탓에 종이의 섬유가 이동해, 지면 위의 어떤 점과 다른 점의 간격이 평면 상태에서 변형된 결과다. 그러나 지면 위의 길이가 변한 것만으로는, 지면이 물결치듯 쭈글쭈글해지기는 해도 다른 지면과 융합하는 일은 일어나지 않는다.

일반상대성이론의 시공도 이와 비슷하다. 물에 젖은 책과 마찬가지로 에너지로 인해서 길이의 척도가 바뀌어 두 점 사이의 거리가 변화하지만, 점토로 만든 컵에 손잡이를 붙이듯이 다른 지점을 연결할 수는 없다. 평범한 일반상대성이론에서는 신축하는 시공을 외부에서 변형시키는 등의 상황은 상정되지 않았다(제1장, 54쪽의 'SF 작품에 묘사된 시간 1-시간 여행을 통해서 살펴보는 시간론'에서 소개한 막^{brane} 우주론처럼 4차원 시공의 바깥쪽을 고려할 수 있는 '평범하지 않은' 일반상대성이론도 있지만, 그런 이론을 지지하는 물리학자는 아직 소수다).

타임머신을 만드는 방법

미래로 가는 타임머신이라면 원리적으로는 가능하다. 시간은 천체와 가까울수록 천천히 진행되므로, '자신의 시간'이라는 측면에서 생각하면 낮은 곳에 사는 사람은 고지대에 사는 사람보다 아주 약간 빠르게 미래에 도달한다. 가령 도쿄 스카이트리의 지상층에 있는 사람은 10만 년이 지나는 동안 전망대에 있는 사람보다 1초 앞의 미래를 향해 나아간다(그때까지 살아있을 경우의 얘기지만).

광속에 가까운 '아광속'으로 비행하는 우주선이 완성된다면 조금 더 효율적으로 미래에 갈 수 있다. 고속으로 이동하면 시간의 진행이 상대적으로 느려지는 '립 밴 윙클 효과'를 이용하는 것이다. 립 밴 윙클 효과는 시간이 모든 우주에서 똑같이 흐르지 않음을 직접적으로 보여주는 현상이다. 어떤 지점에서 다른 지점까지 걸었을 때 얼마나 피곤해지는지는 두 지점 사이의 공간적인 거리가 아니라 걸어간 경로에 의존한다. 직선거리로는 가까운 장소더라도 구불구불한 길을 따라서 걸으면 도착하기 전에 지쳐버린다.

그렇다면 어떤 지점에서 다른 지점으로 이동할 때 체감하는 경과 시간은 어떻게 될까? 우주의 어떤 곳에서든 시간이 똑같이 흐른다는 뉴턴역학의 전제를 따른다면 어떤 경로로 이동하든 이동하는 사람이 느끼는 경과 시간은 모든 우주에서 공통된 시간 간격(시간적인 거리)과 같다. 그러나 상대성이론은 다르게 생각한다. 실제로 이동한 길이가 두 지점의 공간적 거리가 아닌 경로의 길이이듯이, 실제로 경험하게 되는 시간은 시공의 내부를 어떻게 이동했느냐에 따라 달라진다고 생각하는 것이다.

가령 아광속 우주비행선을 타고 지구에서 4광년 떨어진 알파센타우리까지 광속의 80퍼센트의 속도로 여행할 경우, 지구에서 보면 (빛이 4년 만에 도달하는 거리를 광속의 80퍼센트, 즉 5분의 4의 속도로 나아가므로) 편도 5년이 걸린 것으로 보인다. 그런데 상대성이론에 입각해서 계산해 보면, 우주선 탑승자의 시점에서는 알파센타우리에 도착하기까지 3년밖에 걸리지 않는다(물리학을 조금 공부한 사람은 로런츠 수축 혹은 길이 수축이라는 현상을 들어본 적이 있을 것이다. 우주선의 관점에서 보면 지구와 알파센타우리가 모두 광속의 5분의 4의 속도로 움직이고 있으므로 로런츠 수축이 발생해 두 곳의 간격이 4광년의 5분의 3배로 변화한다. 그래서 3년 만에 알파센타우리가 우주선이 있는 곳으로 오는 것이다).

우주선이 왕복해서 돌아왔을 때, 계속 지구에 있었던 사람은 10년을 기다렸지만 우주선의 승무원은 나이를 여섯 살밖에 먹지 않은 상태가 된다. 요컨대 승무원들은 4년만큼 미래로 나아간 것이다.

다만 천체와 가까운 곳에서 살더라도, 아광속 우주선을 타더라도, 다른 사람에 비해서 빠르게 미래에 도달하는 것만 가능하다. 어디까지나 편도 티켓이며, 과거로는 되돌아갈 수 없다. 그렇다면 과거로 돌아가는 타임머신은 만드는 것이 원리적으로 불가능할까?

과거로 돌아갈 수는 없다는 것은 오랫동안 물리학의 상식으로 여겨져 왔다. 그런데 1988년에 킵 S. 손(1940~)이 웜홀을 사용하면 과거로 돌아가는 타임머신을 만들 수 있다는 논문을 발표해 큰 화제가 되었다(웜홀에 관해서는 제1장의 'SF 작품에 묘사된 시간 1-시간 여행을 통해서 살펴보는 시간론'을 참조하길 바란다).

웜홀 사용 설명서

킵 손은 중력파의 이론적 예측에 관한 공로로 2017년에 노벨 물리학상을 받은 일반상대성이론의 대가로, 그의 발언은 학계에 강한 영향력을 지니고 있다. 그런 손이 과거로 돌아가는 일이 가능하다는 말을 꺼냈기에 일류 과학자들이 진지하게 논쟁에 참가하는 소동이 벌어졌다.

손의 이론은 먼저 웜홀이 있다는 가정으로 시작한다. 거대한 웜홀이 태양계 근처에 존재할 가능성은 거의 없다. 우주 전체를 생각해도 존재할 가능성은 거의 없다고 말할 수 있을 것이다. 웜홀은 불안정해서, 실제로 있는지 없는지도 알 수 없는 기묘한 물질(제1장에서 언급한 바 있다)이 없으면 순식간에 파괴되고 만다.

다만 원리적으로 존재할 수 없다고 증명된 것은 아니다. 어쩌면 원자보다 작은 규모로 시공이 흔들려서 아주 작은 웜홀이 생겼다가 사라지고 있을 수도 있다. 그런 작은 웜홀을 어떤 기술을 이용해 거대하게 만들고, 또 어딘가에서 찾아낸 기묘한 물질을 사용해서 파괴되지 않게 하는 것이 '절대로 불가능하다'고 단언할 수는 없는 것이다.

만약 시공의 두 점을 연결하는 웜홀이 있다면 그 웜홀에는 양 끝이 존재할 것이다. 그중 한쪽 끝을 립 밴 윙클 효과를 사용하든 거대 천체 옆에 놓든 해서, 다른 한쪽 끝보다 시간이 천천히 진행되도록 만든다. 웜홀의 끝이 어떻게 되어있는지는 알 수가 없다. 온갖 물질을 집어삼키는 블랙홀일 수도 있고, 반대로 분출하는 화이트홀일 가능성도 있다. 어쨌든, 어떤 수단을 동원해서 시간의 진행에 차이가 있도록 만든다.

기묘한 물질을 사용해 어떻게 지탱하느냐에 따라서도 달라지지만, 이상적인 상황이라면 웜홀의 양 끝은 내부에서 시간 차 없이 직결된다. 그러므로 한쪽 끝을 통해서 안으로 들어갈 수 있다면(그리고 강한 중력 기울기 때문에 갈기갈기 찢기지 않는다면) 당사자의 관점에서는 일순간에 다른 쪽 끝을 통해서 튀쳐나오게 된다.(그림 3-1)

그림 3-1 양 끝에 시간차가 있는 웜홀의 이미지

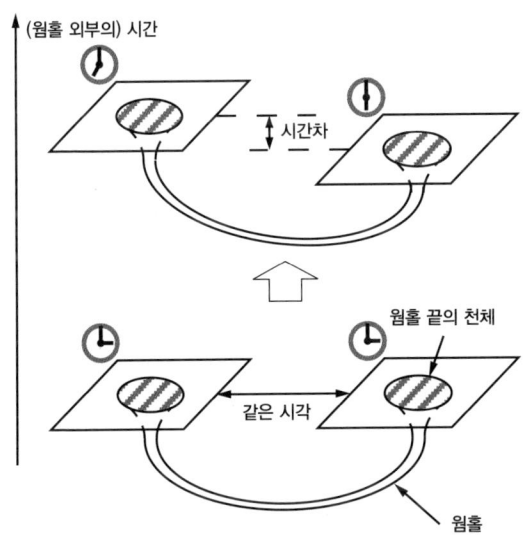

만약 어떤 조작으로 양쪽 끝의 시간에 차이를 만들 수 있다면, 외부에서 봤을 때 웜홀에 들어간 시각과 나온 시각이 다를 터이다. 방법에 따라서는 들어간 시각보다 과거의 시각으로 나올 수도 있을 것이다. 이것이 과거로 돌아가는 타임머신이다.

실제로 만들지는 못하더라도……

당연한 말이지만, 태클을 걸 부분이 너무 많은 까닭에 인간의 기술로 타임머신을 만드는 것은 현실적으로 불가능하다고 말할 수 있을 듯하다. 그러나 블랙홀 연구에서 획기적인 업적을 남긴 스티븐 호킹(1942~2018)을 비롯해 수많은 과학자가 이 문제에 관한 논고를 발표했다.

'실제로 만들 수 없는 것에 관해서 논하다니, 왜 그런 무의미한 짓을 하는 거야?'라고 생각하는 사람도 있을지 모른다. 그러나 이것이 과학의 방식이다. 과학은 논리를 중시하는 학문이다. 먼저 가설을 세운 다음 논리적인 귀결을 이끌어 내고, 이것을 실험이나 관찰로 얻은 데이터와 비교한다. 이 방법론을 실천하기 위해서 과학자들이 논리성을 중시하는 것이다. 어쩌면 일반상대성이론은 완전하지 않으며 어딘가에 논리적인 결함이 있을지도 모른다. 그러므로 허용되는 최대한의 범위에서 논리적 추론을 거듭함으로써 그 논리적 결함이 어디에 있는지 찾아낼 필요가 있다.

과거로 돌아가는 타임머신이 존재할 경우, 이른바 '타임 패러독스'라는 형태로 논리적 모순이 발생할 가능성이 있다. '패러독스'라는 용어는 여러 가지 의미로 사용되는데, 여기에서는 '어떤 전제에 입각해서 엄밀하게 추론해 결론을 이끌어 냈음에도 그 결론에 모순이 있는' 것이라고 생각하길 바란다. 타임 패러독스를 기존의 물리학 이론의 범위 안에서 회피할 수 있는가, 아니면 이론을 근본부터 다시 만들 필요가 있는가? 과학자들은 이 점을 파악하고자 실용적으로는 무의미해 보이는 논의에 계속 도전하고 있는 것이다.

타임 패러독스!!

타임 패러독스란, 과거로 돌아가는 데 성공했다고 가정했을 경우에 발생하는 모순을 의미한다. '부모 살해의 패러독스'라는 섬뜩한 주제의 타임 패러독스가 특히 유명하다.

어떤 사람이 타임머신을 타고 과거로 돌아가서 아직 자신을 낳지 않은 부모를 죽였다고 가정하자. 그러면 자신을 낳을 부모가 없으므로 자신은 존재할 리가 없으며, 자신이 존재하지 않는다면 부모를 살해할 수도 없다. 그렇다면 부모는 죽

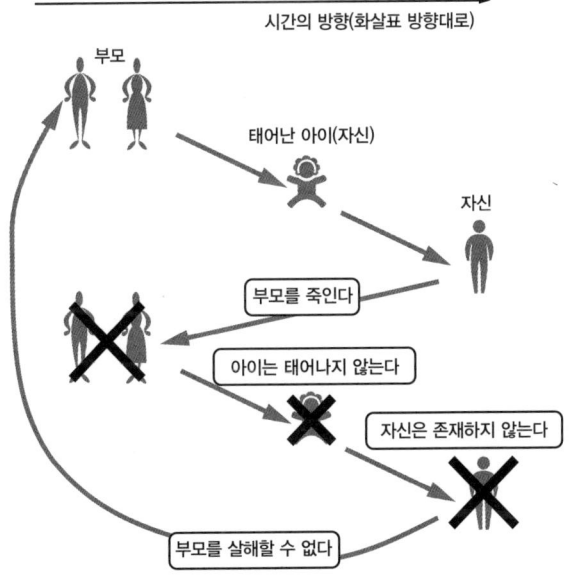

그림 3-2 부모 살해의 패러독스

지 않으므로 자신이 태어나고, 태어난 자신이 부모를 죽이므로…… 이런 식으로 다람쥐 쳇바퀴 돌듯이 이야기가 맴돌게 된다. '과거로 돌아가서 부모를 죽인다'라는 전제에서 출발하면 '부모를 죽일 수 없다'라는 (전제와 모순되는) 결론이 도출되기에 패러독스인 것이다.(그림 3-2)

타임 패러독스는 SF 작품의 소재로 종종 사용된다. 부모 살해의 패러독스도 사실은 프랑스의 SF 소설에서 유래한 모양이다. 그래서 문학적인 기발한 발상으로 간주되기도 하지만, 패러독스 자체는 킵 손이나 호킹도 다룬 바 있는 과학적인 주제다.

부모 살해 같은 구체적인 사건을 예로 들면 상황을 머릿속에 그리기 쉽다는 이점은 있지만, 무엇이 패러독스를 일으키는 근본적인 원인인지가 명확해지지 않는다는 단점도 있다. 부모 살해의 경우, "부모를 죽이려 해도 (그때마다 방해가 끼어들어서, 혹은 강한 금기 의식이 발동해서) 도저히 죽이지 못한다"라는 문학적인 설명으로 끝나는 경우도 있을 것이다. 통속적인 작품이라면 '역사가 바뀌는 사태를 막기 위해서 조직된 시간 순찰대가 저지한다' 같은 재미있는 스토리도 허용된다. 그러나 과학적인 논의를 하려면 불필요한 곁가지는 쳐내고 사물의 본질을 바라봐야 한다.

타임 패러독스를 논할 때 인간은 존재하지 않아도 된다. 이를테면 농구공을 던져서 림 안에 넣는 경우를 생각해 보자.

림 바로 아래에는 양쪽 끝에 시간차가 있는 웜홀이 입을 벌리고 있으며, 그 안으로 들어간 물체는 슛한 직후의 순간과 위치에 나타나게 되어있다. 이 경우 림 안으로 들어간 공은 웜홀에서 나온 순간 그 자신과 충돌하고, 그러면 궤도가 바뀌어서 슛이 들어가지 않게 되므로…… 이렇게 이야기가 다람쥐 쳇바퀴 돌듯이 맴돌게 되어 역시 타임 패러독스가 성립한다. 이처럼 '과거로 돌아가는' 일이 가능하다면 인간이 관여하든 관여하지 않든 타임 패러독스가 발생할 가능성이 생긴다.(그림 3-3)

그림 3-3 농구공을 이용한 타임 패러독스

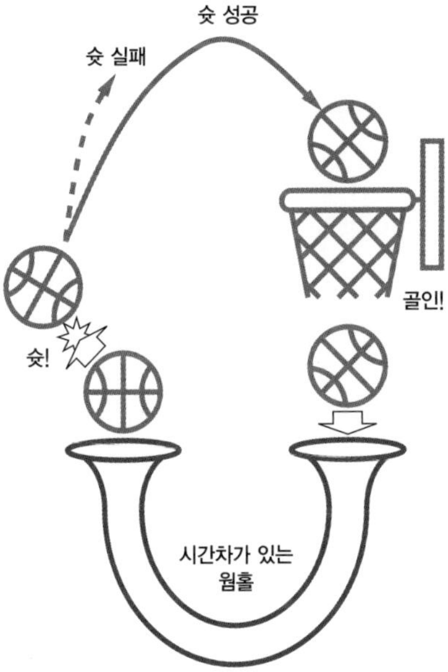

만약 "농구 림은 인위적인 시설이니까 인간이 관여한 것 아닌가?"라고 주장한다면 '초신성 폭발을 일으킨 태양에서 격렬하게 분출된 물질들이 근처에 있는 웜홀을 통해서 태양의 근원이 되는 원시성운에 쏟아진 바람에 천체의 형성이 방해받았다'는 예를 생각해 보기 바란다. 타임 패러독스는 인간이 없어도 일어나는 것이다.

타임 루프의 함정

(제1장에서도 이야기했듯이) 현대물리학의 근간은 장이론이다. 장이론에 따르면 물리 현상이 시간이나 공간을 뛰어넘는 것은 허용되지 않는다. '과거로 돌아갈' 경우도 웜홀의 내부 같은 데에 물리 현상이 연속적으로 전해지면서 시간을 거슬러 올라간다. 이런 연속적인 전파는 '시간꼴' 곡선을 따라서 발생한다. '시간꼴'이란 광속을 넘어서지 않고 이동할 수 있는 두 점의 위치 관계를 가리킨다(어딘가에서 광속을 넘어설 경우는 '공간꼴'이라고 부른다). 상대성이론에는 광속을 넘을 수 없다는 물리적 제약이 있다. 그래서 시간꼴 곡선으로 연결하지 못하는(요컨대 어딘가에서 광속을 넘지 않으면 그사이를 이동할 수 없는) 두 점 사이에서는 물리 현상이 전달되지 않으며, 한쪽이 다른 쪽에 영향을 끼치지 못한다.

게다가 타임 패러독스가 일어나려면 과거의 자신(혹은 자신을 만들어 낸 것)이 있었던 장소로 돌아가야 한다. 시간꼴 곡선을 따라서 웜홀의 내부를 이동해 밖으로 나왔더니 이 우주와는 다른 우주였다면 타임 패러독스는 일어나지 않을 것이다. 시간이 커지는 방향으로 나아가는 시간꼴 곡선을 따라가는 사이에 자신이 있었던 장소로 돌아가 버리는 (마치 자신의 꼬리를 삼킨 우로보로스 같은) 곡선이 있을 때 비로소 타임 패러독스가 일어날 수 있다.

이런 사태가 일어날 수 있는 것은 시간꼴 곡선이 닫혀서 고리가 되는 경우로 한정된다. 평범한 시공에서 이런 고리를 만들려 하면 어딘가에서 공간꼴인(다시 말해 초광속이 아니면 이동할 수 없는) 부분이 생기기 때문에 시간꼴 곡선만으로는 고리를 만들지 못한다.

닫혀서 고리가 된 시간꼴 곡선을 물리학자들은 '닫힌 시간꼴 곡선Closed timelike curve, CTC'이라는 딱딱한 용어로 표현하지만, 나는 '타임 루프'라는 명칭을 선호한다. 타임 루프는 그것을 따라서(모든 부분이 시간꼴이므로 항상 광속 이하의 속도로) 나아가면 출발했을 때의 시각과 위치로 돌아오는 곡선이다. 만약 인간이 타임 루프를 따라서 움직인다면 과거의 자신과 부딪히게 된다.(그림 3-4)

킵 손이 양 끝에 시간차가 있는 웜홀을 논한 것도 타임 루프가 일반상대성이론의 틀 안에서 존재할 수 있음을 제시하기 위해서였다. 웜홀 내부를 시간의 경과 없이 일순간에 통과할 수 있다면 시간꼴 곡선의 양 끝이 직결되기 때문이다. 타임 패러독스가 일어나는 근본적인 원인은 웜홀이 아니라 타임 루프의 존재에 있다.

그림 3-4 타임 루프

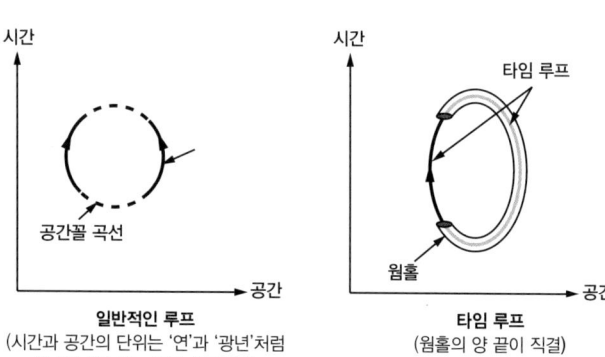

일반적인 루프
(시간과 공간의 단위는 '연'과 '광년'처럼 광속이 1이 되는 것을 선택했다)

타임 루프
(웜홀의 양 끝이 직결)

COLUMN

윤초를 어찌할꼬!

일반상대성이론에서는 시간이나 공간이 늘어나기도 하고 줄어들기도 한다고 했는데, 그 기준이 무엇인지 궁금한 사람도 있을 것이다.

시간의 단위인 초는 과거에 지구의 자전을 기준으로 정의되었지만, 지금은 다르다. 대략적으로 말하면 특정 조건에서 세슘 원자로부터 방출되는 빛의 주기를 기준으로 정의된다. 정확하게는 '세슘-133 원자의 바닥상태에 있는 초미세 구조 준위 사이의 전이를 통해서 생기는 빛의 진동주기의 91억9,263만1,770만 배'가 1초다. 이 주기는 세슘 원자 내부에서 전자의 장이 실행하는 진동과 관계가 있으며, 기초적인 물리법칙을 통해서 결정된다. 즉, 편의적으로 진자의 진동이나 자전의 주기 같은 우리 주변에 있는 것을 기준으로 삼은 것이 아니라, 모든 장소에서 성립하는 물리법칙을 바탕으로 시간의 기준을 정의한 것이다.

미터나 킬로그램은 초를 기반으로 정의된다. 현재의 기술로 가장 정밀하게 측정할 수 있는 것이 시간이기 때문이다. 가령 도쿄 스카이트리의 지상층과 전망층의 시간차를 측정한 광격자시계 같은 경우는 300억 년에 1초의 오차도 생기지 않을 만큼 정확하다.

정확한 시계를 이용해서 측정한 결과, 지구의 자전주기는 밀리초 정도의 범위에서 빈번하게 변화함이 판명되었다. 장기적으로는 달과의 상호작용 때문에 느려지는 경향이 있지만, 단기적으로 보면 거대 지진이나 빙하의 융해 등이 원인이 되어서 미묘하게 빨라지기도 하고 느려지기도 한다. 그런 까닭에 원자시계만을 기준으로 삼아서 시간을 정의하면 '정오에 태양이 자오선을 지나간다' 같은 천체 관측을 바탕으로 한 시간으로부터 점차 벗어나게 된다. 그래서 국제적인 표준시인 협정 세계시는 천체 관측을 통한 시간과의 오차를 줄이기 위해 부정기적으로 윤초를 삽입해 조정하고 있는데, 디지털 기기에 악영향을 끼칠 위험성이 있기 때문에 2035년까지 폐지될 예정이다.

2. 미래는 어디까지 정해져 있는가?

어떻게 해야 타임 패러독스를 회피할 수 있을까?

패러독스는 논리 모순으로, 패러독스가 일어난다는 것은 논리적인 학문일 터인 물리학의 파탄을 의미한다. 지금까지 패러독스가 일어난다고 주장된 사례는 여럿 있지만 대부분은 이론을 개량함으로써 회피할 방법을 찾았다.

물리학자는 패러독스가 발견되었더라도 곧바로 이론을 포기하지 않고 기존의 이론을 어디까지 적용할 수 있는지, 새로운 이론에 도달하기 위한 돌파구는 어디에 있을지 생각하기 위해 패러독스의 원인을 찾는다. 타임 패러독스의 경우는 그 기원이 타임 루프의 존재에 있음이 규명되었다.

적지 않은 물리학자가 '타임 루프는 원리적으로 존재할 수가 없다'고 생각한다. 실제로 "웜홀이 존재한다면 타임 루프가 존재할 수 있다"는 킵 손의 주장에 대해서도 "웜홀은 불안정해서 금방 파괴된다", "안정적인 웜홀이 있더라도 양 끝에 시간 차를 만들어 내기는 불가능하다", "양 끝에 시간차가 있더라도 내부를 통과하지 못할 것이다" 같은 반론이 쏟아졌다.

'타임 루프는 존재하지 않는다'를 증명할 수 있다면 '타임 패러독스는 일어나지 않는다'라는 형태로 문제가 해결된다. 그러나 현시점에서는 '웜홀을 안정화하는 것은 현실적으로 거의 불가능하다고 생각되지만, 원리적으로(=절대로) 불가능하다고는 단언할 수 없는' 상황이다.

그러니 일단 타임 루프가 존재하며 이 루프를 따라서 물체가 이동할 수 있다고 가정하고, 이 경우 타임 패러독스를 회피할 방법은 없는지 생각해 보자. 타임 패러독스가 일어난다면 이것은 논리적이어야 할 물리학 이론에 논리적인 모순이 있다는 의미이며, 따라서 이론의 어떤 부분에 오류가 있다고 생각할 수 있다(어쩌면 논리적이어야 한다는 물리학의 대전제 자체가 틀렸을 수도 있지만).

타임 루프가 존재하더라도 타임 패러독스를 회피할 수 있다는 주장도 있다. 이를테면 원인과 결과에 관한 기존의 상식이 잘못되었다는 것이다.

결정론과 타임 패러독스

원인과 결과에 관한 상식적인 발상은 '과거의 사건이 먼저 결정되어 있고 그 후 시간의 순서에 따라서 미래의 사건이 결정되어 간다'는 것이다. 우주의 전 지역에서 시간이 일률적으로 흐른다고 전제하는 뉴턴역학은 이 상식을 기반으로 구성되어 있다.

다시 농구공의 예를 떠올려 보자. 인간의 손을 떠난 순간의 위치와 속도가 정해져 있으면 (공기저항도 뉴턴역학으로 다룰 수 있다는 전제에서) '공이 어떻게 이동하는가?'라는 사실의 연쇄는 완전히 결정된다. 모든 장소에서 시간이 과거로부터 미래를 향해 똑같은 순서로 나열되어 있다면, 사실을 결정하는 이와 같은 방식에는 아무런 모순도 발생하지 않는다.

어떤 시각^{時刻}의 상태가 사실로 주어졌을 때 이후의 시각에 무슨 일이 일어나는지가 물리법칙에 따라서 결정되는 세계는 '결정론'을 따르는 세계다. 뉴턴역학은 결정론적인 이론이다. 인간이 사는 이 우주가 엄밀한 결정론을 따르고 있다면, 빅뱅의 순간에 이후의 역사에서 무슨 일이 일어날지가(오늘 저녁에 무엇을 먹을지까지) 완전히 결정되어 있을 터이다. 이처럼 결정론을 따르는 우주에 타임 루프가 존재한다면 타임 패러독스가 발생할 가능성이 생긴다.

타임 루프가 존재한다면 과거에서 미래를 향해 순서대로 시간을 따라가는 사이에 다시 처음 순간으로 돌아가는 상황이 발생할 수 있다. 타임 패러독스가 발생하지 않으려면 처음 순간에 주어진 상태와 시간의 순서를 따라서 변화한 끝에 본래의 지점으로 돌아왔을 때의 상태가 서로 모순되거나 상반되지 않아야 한다. 요컨대 정합적이어야 한다. 그런데 결정론을 따를 경우 두 상태 모두 조금의 융통성도 없이 확고하게 결정되는 까닭에 정합적이 될 거라는 보장이 전혀 없다. 웜홀을 통과해서 그 자신과 충돌하는 공을 생각해 보기 바란다. 공의 움직임이 운동방정식에 따라서 완전히 결정된다면 타임 패러독스를 회피할 여지는 어디에도 없는 것이다.(그림 3-5)

그림 3-5 결정론을 따르는 세계에서의 상태변화

직선적인 시간일 경우

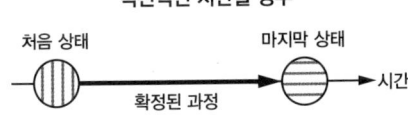

타임 루프가 있을 경우

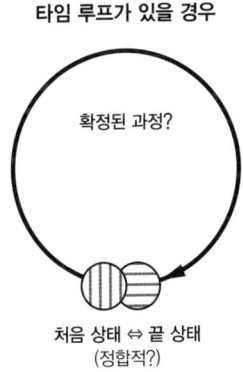

물리학에 패러독스가 있어선 안 된다면 결정론 혹은 타임 루프 중 어느 하나를 부정해야 한다. 여기에서는 타임 루프가 존재한다고 가정했으니 결정론을 부정하기로 하자. 결정론이 과연 부정할 수 있는 것인지 의문스러울지도 모르지만, 사실 물리학의 기초인 양자론은 결정론적이 아니기에 패러독스를 회피할 가능성을 숨기고 있다.

양자론에서 변화가 일어나는 방식

양자장론은 난해하기 짝이 없는 이론이기에 자세히 설명하기 불가능하지만, 간단히 설명하면 입자 같은 확고한 실체는 없으며 장에 발생하는 파동이 온갖 물리 현상을 만들어 낸다는 세계관에 입각한 이론이다. 이런 이론에서는 물체의 운동이 아니라 파동의 전파를 통해서 물리적인 변화가 발생한다.

그렇다면 양자론에서 파동의 형태는 어떻게 결정될까? 욕조에 채워진 물을 휘저었을 때 생기는 파동(물결)은 뉴턴역학을 따르기에 욕조의 형상이나 휘젓는 방식 등을 부여하면 미래에 이르기까지의 파동의 형태가 완전히 결정된다. 그러나 양자론의 파동은 뉴턴역학을 따르는 파동과 달리 전체적인 거동(공간과 시간의 넓은 범위에 걸친 파동의 형태나 전파 방식)을 조정하면서 결정되는 것으로 여겨진다.

자연계에서는 전체적인 거동을 적절히 조정하는 현상을 일상적으로 관찰할 수 있다. 가령 철사 같은 것으로 입체적인 틀을 만들고 그 안쪽에 비누막을 두를 경우, 그 막은 근사적으로 표면적이 최소인 형상이 된다. 이는 얇은 막이 지닌 주요 에너지가 표면적에 비례하는 까닭에, 막의 진동 등으로 인해서 열에너지가 흩어지면 자연스럽게 면적이 작아지기 때문이다. 틀의 형태가 복잡할 경우, 어떤 형태의 면일 때 표면적이 가장 작은지를 계산으로 구하려 하면 고성능 컴퓨터를 동원해도 시간이 한참 걸린다. 그러나 자연계에서는 에너지의 이동을 통해서 그런 면이 아주 자연스럽게 형성된다.

이처럼 비누막이 면적을 최소화하는 방향으로 변화하는 데 비해, 양자론의 파동은 '작용'이라고 부르는 물리량을 최소화하는 형태에 가까워지려 한다. 작용이란 다양한 장소나 시각에서의 파형 또는 변동의 가능한 조합을 전부 포함한 양이다. 게다가 작용이 엄밀하게 최소인 파동만이 실현되는 것이 아니라 조금은 벗어난 부분도 포함하는 형태로 파동이 전달된다. 뉴턴역학처럼 확고한 결정론이 아니라 상황에 따라서 유연하게 대응하는 듯이 보이는 융통성 있는 이론인 것이다.

타임 루프가 존재할 때 양자론의 파동

양자론은 '과거의 상태가 주어지면 그 후의 변화가 완전히 결정된다'는 의미에서의 결정론이 아니다. 작용을 최소화하는 파동의 형태는 과거와 미래 쌍방의 장의 상태를 어느 정도까지 포함시켜야 결정할 수 있다. 아무래도 현실에서 무슨 일이 일어날지는 과거만이 아니라 과거와 미래 쌍방의 관여를 통해서 결정되는 모양이다.

이런 성질은 타임 루프가 존재하는 시공에서 패러독스를 회피할 여지를 만든다. 시작한 순간의 상태가 미래를 전부 결정한다면 타임 루프를 따라서 변화를 계속한 끝에 시작의 순간으로 돌아왔을 때 모순을 회피하기가 어렵다. 그러나 양자론의 파동은 전적으로 과거에 입각해서 결정되지 않는다. 타임 루프를 포함하는 시공 구조가 있다 해도 전체의 거동을 조정하면서 정합적인 파동의 형태를 결정할 수 있을 것으로 예상된다. 둥근 고리 형태의 수로가 있을 때 자연스럽게 어디에서도 모순이 발생하지 않는 물결이 형성되듯이.(그림 3-6)

타임 루프가 존재하는 시공 구조에서도 양자론을 통해서 전체적인 거동이 조정된다면 어떤 지점에서도 모순이 생기지 않

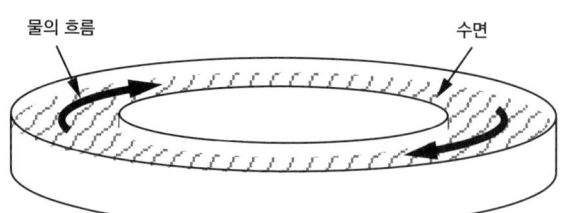

그림 3-6 둥근 고리 형태의 수로

으며, 따라서 타임 패러독스는 발생하지 않는다. 작용이 최소가 되는 파동을 기준으로 여기에서 약간은 벗어나더라도 자연스러움을 잃지 않는 형태의 파동이 형성될 터이다.

양자론적인 파동이 자연스러운 형태가 되도록 조정될 경우, 림 바로 아래에 웜홀이 입을 벌리고 있는 농구 코트 같은 구조물은 만들 수 없다. 과거와 미래 양쪽의 영향을 받는 까닭에 물체로서의 형태를 유지하기가 어려워지기 때문이다. 아마도 그런 장소에서는 인간이 존재하기도 불가능할 것이다.

상태의 시간 변화에 과거와 미래 쌍방이 관여한다는 것은, 많은 사람이 믿고 있는 '과거에서 미래를 향해 순서대로 상태가 결정된다'는 상식을 부정하는 것이다. '그렇다면 시간의 흐름은 어떻게 되는 거야?'라고 생각한 사람도 있을지 모르겠는데, 그런 사람은 제2장을 다시 읽어보기 바란다. 우주에서 시간의 흐름(과 인간이 느끼는 것)은 시간축의 한쪽 끝에 질서 정연한 빅뱅이 존재하는 우주 전체의 시공 구조가 만들어 낸 것이다. 이 전체적인 시공 구조만 유지된다면 '상태의 변화는 과거에서 미래를 향해 순서대로 일어난다'는 상식이 부정되더라도 시간이 과거에서 미래를 향해 흐르는 듯이 느껴신다. 양쪽 끝에 시간차가 있는 웜홀이 교란시키는 것은 어디까지나 그 주변으로 한정된 국소적인 물리 현상일 뿐이다.

물리학자들도 모른다

······라고, 지금까지 양자장론을 통해서 타임 패러독스를 회피할 수 있는 것처럼 이야기했지만, 사실 이것이 올바른 해결책이라고 확정된 것은 아니다. 타임 루프가 존재할 때의 양자론에 관해서는 손과 호킹이 서로 다른 주장을 하는 등 물리학자들 사이에서도 확실히 합의되지 않은 상태다. 사실이 어떻게 결정되느냐에 대해서는 애초에 과학적인 논의가 가능한 사안인지조차 분명하지 않다. 이 장에서 이야기한 내용은 내가 옳다고 생각하는 가설을 정리한 것일 뿐이다.

그런 확실하지도 않은 내용을 일반인을 위한 책에서 소개하면 어떡하느냐고 말하는 사람도 있을지 모른다. 그러나 과학적인 이론은 끊임없이 갱신되고 있으며, 어떤 시점에서 옳다고 여겨졌던 주장이 훗날 굉장히 편향된 내용이었던 것으로 판명되는 경우도 있다. 현시점에서는 타임 루프가 실제로 존재할 수 있는지 아닌지 알 수 없다. 타임 루프는 존재하지 않는지, 존재하긴 하지만 타임 패러독스를 회피할 수 있는지, 아니면 회피가 불가능해 합리적 세계관에 위기가 찾아올지, 무엇을 어떻게 논해야 할지조차 모호한 상황이다. 그런 상황에서 이미 알고 있는 내용뿐만 아니라, 물리학자가 어떤 문제에 도전하고 있는지를 일반인들에게 해설하는 것도 필요한 일이라고 생각했다.

어쨌든, 타임 패러독스를 회피하는 방법에는 다른 제안도 있다. 다음 글에서는 그 내용을 설명하겠다.

3. 분기하는 시간

양자론에 등장하는 평행우주

'역사의 IF'는 '만약 그때 이러이러했다면……' 하며 역사적 사실과는 다른 가능성에 관해서 공상하는 것인데, IF의 세계가 공상이 아닌 현실일지도 모른다고 말하면 여러분은 어떻게 생각할까? 사실은 그 가능성이 물리학의 관점에서 아주 진지하게 이야기된 적이 있다. 양자론의 '다세계 해석'이다.

미리 전제하건대, 이것은 학계 주류의 생각이 아니다. 어디까지나 일부 물리학자의 지지를 받는 마이너한 이론이지만, 틀렸다고 부정하기가 어렵다는 점에서 과학의 한계를 엿볼 수 있는 주장이기도 하다.

뉴턴역학 같은 결정론적 이론은 최초의 상태가 주어지면 물리법칙에 따라서 이후에 어떤 과정이 실현될지가 완전히 확정된다. 실현되는 과정은 오직 한 가지이며, 역사의 IF는 공상에 불과하다. 그러나 양자론에서는 어떤 시각^{時刻}의 상태만으로는 미래를 완전히 결정할 수 없다. '2. 미래는 어디까지 정해져 있는가?'의 내용은 과거뿐만 아니라 미래의 상태도 지정하면 작용이 최소가 되는 과정을 구할 수 있다는 것이었다.

그런데 물리학자 중에는 뉴턴역학과 마찬가지로 '과거의 어떤 상태에서 출발해 물리법칙에 입각해서 변화를 구하는' 방식을 좋아하는 사람들이 있다. 그들은 이 방식에 따라서 미래의 상태를 지정하지 않은 채로, 특정 상태에서 출발해 무슨 일이 일어날지를 양자론으로 구하면 다양한 미래를 포함하는 복수의 과정이 실현 가능해짐을 알아냈다.

상식적으로 생각하면 이런 복수의 과정 중 어느 하나만이 실현되어야 하지만, 그중 하나를 골라내는 물리법칙은 발견되지 않았다. 그래서 가능한 과정에 따라서 생성되는 세계가 전부 동등하게 존재한다는 발상이 등장했다. 말하자면 평행우주로서 병존하는 것이다. 이것이 바로 다세계 해석이다.(그림 3-7)

'관측 문제'라는 골치 아픈 문제

여러분에게 관측 문제라는, 양자론의 해석에 관한 골치 아픈 문제를 소개하겠다. 짜증 난다면 건너뛰고 읽기 바란다.

양자론이 결정론적이 아니며 최초의 상태를 지정해도 그 후에 다양한 변화가 일어날 수 있다는 것은 이론이 제창된 초기

그림 3-7 상태가 결정되는 과정

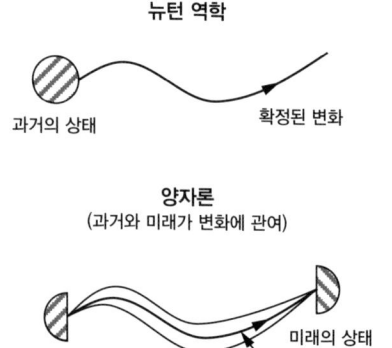

뉴턴 역학

과거의 상태 — 확정된 변화

양자론
(과거와 미래가 변화에 관여)

과거의 상태 — 작용이 최소인 변화 — 미래의 상태

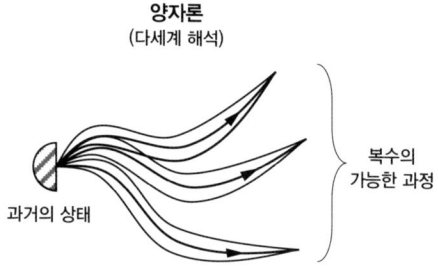

양자론
(다세계 해석)

과거의 상태 — 복수의 가능한 과정

단계에 이미 밝혀진 상태였다. 1930년대에는 현실에서 어떤 변화가 일어났는지를 결정하려면 인간이 관측 장치를 사용해서 관측해야 한다는 주장이 등장했는데, "관측하지 않은 상태는 원리적으로 결정 불가능한 것인가?", "인간의 관측이 세계의 모습을 좌우하는가?" 같은 반론이 나오면서 격렬한 논쟁이 벌어졌다. 이른바 '관측 문제'다.

그러나 1950년대 말엽이 되자 논쟁을 가라앉힐 길이 보이기 시작했다. 전자처럼 고립된 대상뿐만 아니라 원자나 분자 같은 다수의 구성 요소로 구성된 시스템에도 똑같이 양자론을 적용해서 인간이 인지할 수 있는 거시적인 변화에만 주목해 본 것이다. 그랬더니 통계적인 법칙의 영향으로 인해 현실에서 무수히 다양한 변화가 일어나는 것이 아니라 몇 가지 구체적인 과정으로 집약됨이 밝혀졌다. 게다가 그 구체적인 과정들은 서로 간섭하지 않으며, 다른 과정과는 무관계한 거동을 보였다. 마치 독립적으로 존재하는 평행우주처럼 말이다. 이런 연구를 통해서, 중요한 것은 인간의 관측 행위가 아니라 측정 장치 같은 거시적인 물질의 통계적인 거동임이 판명되었다.

이것으로 관측 문제는 해결되는 듯 보였지만, 그렇지 않았다. 서로 별개인 복수의 과정 가운데 하나만이 실현된다는 주류파와 모든 과정이 평행우주로 병존한다는 비주류파의 대립이 해소되지 않은 채 남은 것이다. 대립을 해소하지 못한 이유는 양자론이 아직 미성숙한 탓도 있다. 거시적인 측정 장치를 양자론에서 다루는 것은 매우 어려운 일로, 아주 간단한 사례밖에 논하지 못한다. 결국 무엇이 올바른 주장인지 논증하는 것은 현실적으로 불가능한 일이었다.

타임 패러독스를 해결하기 위한 비책

양 끝에 시간차가 있는 웜홀 등을 이용해서 과거로 돌아가는 타임머신을 만드는 데 성공할 시 타임 패러독스를 피할 수 없을 것으로 보이는데, 이를 회피할 방법으로 다세계 해석을 응용하는 경우도 있다.

이 아이디어를 주장한 인물 중에 양자컴퓨터의 알고리즘을 고안한 것으로 유명한 데이비드 도이치(1953~)가 있다. 도이치는 매우 참신한 아이디어를 내놓는 재기발랄한 물리학자로, 가끔은 그 재기발랄함이 너무 지나쳐서 상당히 기괴한 주장을 하는 경우가 있다. 타임 패러독스를 해결하기 위해 다세계 해석을 응용한다는 아이디어를 그 일례로 든다면 실례일까…….

도이치의 주장은 어떤 의미에서 지극히 단순하다. 웜홀을 통해서 과거로 돌아갔을 경우 이 일을 계기로 다른 역사가 분기分岐된다는 것이다. 설령 과거로 돌아간 사람이 자신의 부모를 죽였다 해도 그것은 그 사람이 태어난 곳과는 다른 평행우주에서 일어난 사건이라는 해석이다. 미래에서 찾아온 자신은 '살해당한 부모'와는 다른 세계에 속한 '살해당하지 않은 부모'에게서 태어났기에 모순은 발생하지 않는다. 타임 루프의 존재가 역사의 분기를 가져온다고 가정하면 타임 패러독스는 회피할 수 있다.

도이치의 아이디어는 엄밀한 것이 아니다. 양자론과 일반상대성이론을 결합하는 야심적인 시도를 실행한 것이 아니라 어디까지나 소박한 사고실험에 입각한 주장이다. 그래서 그의 주장은 조금 특이한 아이디어로 소개되었을 뿐 학계에서 본격적으로 다뤄지지 않았다.

평행우주는 정말로 존재할까?

만약 양자론의 다세계 해석이 옳다면 다른 과정을 거치는 수많은 역사가 병존하게 된다. 문학가들이 공상으로서 이야기했던 '역사의 IF'가 현실의 평행우주로서 실존하는 것이다.

지금까지 여러 번 이야기했지만, 이 주장은 학계의 주류가 아니다. 틀렸음을 증명할 수는 없어도, 있을법하지 않음을 보여주는 근거는 많다. 무엇보다, 이 주장이 옳다면 세계가 너무 많아진다. '제2차 세계대전에서 연합국이 승리한 세계와 추축국이 승리한 세계'처럼 몇 가지 세계가 병존하는 것이라면 SF적 상상력을 자극하는 재미있는 이야기가 될 수 있다. 그러나 물리학적인 의미에서의 다세계 해석은 그런 낭만적인 것이 아니다. 가령 두 분자가 접근했을 경우, 화학변화가 일어나는 세계와 일어나지 않는 세계가 분기된다. 이런 세계는 처음에는 매우 비슷한 역사를 걷지만, 분자 1개의 거동이 '나비효과(초기 조건을 아주 조금만 바꿨을 뿐인데 최종적인 상태가 크게 변화하는 것. 브라질에 있는 나비의 날갯짓이 텍사스에 돌풍을 일으키는 효과)'로 인해서 전혀 다른 역사의 흐름을 만들어 낼 때도 있다. 이렇게 해서 엄청나게 방대한 수의 세계가 차례차례 탄생하는데, 아무리 그래도 세계가 너무 많다는 생각이 든다.

인간의 행위가 물리 세계의 대국적인 구조를 변화시킨다는 견해는 장대하고 흥분되는 이야기이기는 하지만 현실적이지 않다. 지구는 우주의 관점에서 보면 먼지처럼 작은 천체다. 그 표면에 달라붙어서 겨우 살고 있는 인간이 물리 세계에 그렇게 큰 영향력을 지닌다는 것은 도저히 믿기 어려운 이야기다(잘못된 주장임을 논증할 수는 없다 해도).

COLUMN

또 하나의 다세계—멀티버스

'인간이 체험하고 있는 현실 이외에도 세계가 존재한다'는 이세계(異世界)에 관한 아이디어는 양자론의 다세계 해석만 있는 것이 아니다. 현대과학의 이세계 학설 가운데 가장 현실적으로 있을법한 것은 우주가 무수히 존재한다는 멀티버스(다중우주) 이론이다.

현대물리학에 따르면, 근원적인 상호작용을 일으키는 양자장에는 원자핵 내부의 핵력을 만들어 내는 유형과 전자기력을 만들어 내는 유형이 있는 것으로 밝혀졌다. 원자의 중심에 있는 원자핵은 양성자와 중성자라는 두 종류의 입자가 핵력을 통해서 단단히 결합되어 있는 까닭에 쉽게 파괴되지 않는다. 한편 전하끼리의 상호작용인 쿨롱 힘은 플러스의 전하를 지닌 원자핵과 마이너스의 전하를 지닌 전자 사이에 인력을 유발해 그 둘이 결합한 원자나 분자, 결정 등을 형성한다. 그러나 핵력보다는 훨씬 약하기 때문에 원자핵으로부터 멀리 떨어진 전자는 종종 결합 상태를 바꿔서 화학변화를 일으킨다. 안정적인 원자핵과 즉시 화학변화를 일으키는 전자가 있기에 안정성과 다양성이라는 언뜻 상반되는 성질을 겸비한 풍요로운 세계가 된 것이다.

그렇다면 안정성과 다양성을 불러오는 핵력과 전자기력이라는 두 종류의 힘이 이 우주에 존재하는 이유는 무엇일까? 이에 대해서는 빅뱅 직후의 고온 상태에서 공간이 팽창함으로써 온도 저하가 일어났을 때 우연히 만들어졌다는 설이 유력하다. 그러나 생명이 탄생할 수 있느냐 없느냐조차도 좌우하는 상호작용의 형태가 그저 우연히 생겨났다는 주장은 조금 수긍하기 어렵다. 그래서 제안된 것이 우주가 무수히 존재한다는 아이디어다. 요컨대 우주는 '유니(하나가)버스(된 것)'가 아니라 '멀티(복수의)버스'라는 발상이다.

복수의 세계가 탄생한 시기에 관해서는, 빅뱅 이전에 우주가 급격히 팽창하던 때라는 설이 유력하다. 그 이론에 따르면, 빅뱅 이전에 존재했던 '마

COLUMN

'더 유니버스'에서 무수히 많은 '차일드 유니버스'가 속속 태어나 상호작용의 형태가 다른 개별적인 우주로 성장했다. 무수히 많은 우주가 존재한다면 그중에 상호작용의 형태가 우연히 생명의 발생에 적합했던 우주가 있었다 해도 전혀 이상한 일이 아닐 것이다.

SF 작품에 묘사된 시간 3

서브컬처에 등장하는 시간 역행

최근 들어 만화, 애니메이션, 게임 등 서브컬처라고 불리는 분야에서 '과거로 돌아가 역사를 바꾼다'는 내용의 작품이 자주 만들어지고 있다. '과거 개변' 또는 '역사 개변'으로 불리는 플롯이며 주로 SF 작품으로 구상되는데, 평범하게 생각하면 타임 패러독스의 문제를 피해 갈 수 없다. 작가로서는 상식을 거스르는 상황이 재미있겠지만 과학자 입장에서는 아무래도 패러독스의 유무가 신경 쓰일 수밖에 없다.

SF 중에는 독자나 시청자를 현혹하기 위한 장치로서 타임 패러독스를 이용하는 작품도 있다(스포일러가 되기에 구체적인 작품명은 말하지 않겠다). 반대로 주인공이 수없이 과거로 돌아가는데도 마치 마술처럼 타임 패러독스를 회피함으로써 분위기를 고조시키는 작품도 있다. 로버트 A. 하인라인의 단편소설인 〈너희 모든 좀비는All You Zombies〉이 그 궁극적인 예일지도 모른다.

다만 타임 패러독스를 SF적인 장치로 적극적으로 이용한 사례는 비교적 소수이며, 대부분의 작품에서는 타임 패러독스를 외면하거나 (어째서인지) 타임 패러독스는 일어나지 않는다고 설정하는 방법을 채용한다. 최근에 나온 일본의 서브컬처 작품 중에서 몇 가지 예를 소개하겠다.

• 쓰쓰이 야스타카의 《시간을 달리는 소녀》의 시간 도약 기술 •

과거 개변을 주제로 한 일본의 작품 중에서 특히 유명한 것은 쓰쓰이 야스타카의 중편소설인 〈시간을 달리는 소녀時をかける少女〉(1967)가 아닐까 싶다.

주인공인 중학생은 신기한 사건을 계기로 시간 도약 능력을 얻어, 트럭에 치일뻔한 순간 전날로 돌아가서 똑같은 하루를 반복한다. 이 시간 도약은 신체 등의 물리적 존재가 시간 이동을 하는 것이 아니라 의식만이 과거로 날아가는 것으로, 따라서 타임 패러독스는 일어나지 않을 것이라 생각될 모른다. 그러나 주인공은 미래의 기억을 유지하고 있어서 그 기억을 이용해 다음 날의 교통사고를 회피하는데, 치일뻔한 경험이 실제로 있지 않았다면 어떻게 그런 기억을 갖고 있는지가 설명되지 않는다. 이것이 정보에 관한 타임 패러독스다.

〈시간을 달리는 소녀〉는 중학생을 대상으로 한 잡지에 연재된 아동 소설로, 과학적인 설명은 거의 없다. 오히려 자신이 타인과 다른 인간으로 변화하는 것에 대한 공포나, 뚜렷하게 남아있는 기억이 사실이 아닐지도 모른다는 불안감 등 사춘기의 당혹감을 그리는 것이 주된 목적인 작품이기에 의도적으로 타임 패러독스를 무시했으리라.

이 소설은 큰 인기를 얻어서 여러 차례 영상화되었다. 특히 유명한 작품은 오바야시 노부히코 감독이 제작한 1983년의 실사 영화와 호소다 마모루 감독이 제작한 2006년의 애니메이션이다. 오바야시 감독의 작품에서는 일어나지 않은 사건의 기억이라는 모티프를 확대해, 자신이 사실이라고 믿어 의심치 않았던 것이 사실은 날조된 기억이었다는 비애가 강조되었다. 한편 호소다 감독의 작품에서는 자신에게 이롭지 않은 사건을 시간 도약을 통해서 '없었던 일'로 만들어 버리는 사이에 자기 힘으로는 어찌할 수 없는 거대한 비극을 낳고 마는 이야기가 전개된다. 두 작품 모두 과학적인 합리성은 없지만 시간의 문제를 인생의 바람직한 모습과 연결시킨 명작이다.

• 게임 〈슈타인즈 게이트〉의 역사 개변 도전 •

최근의 서브컬처에서 특징적인 점은 '수없이 반복해서 과거로 돌아간다'는 설정이 즐겨 사용된다는 것이다. 이 경향은 1980년대부터 유행이 계속되고 있는 PC 게임이 그 기원으로 생각된다. AVG(어드벤처 게임)나 RPG(롤플레잉 게임)라고 부르는 장르의 게임들은 플레이어가 주인공 캐릭터를 조종해서 다양한 모험을 경험할 수 있다. 그러나 이야기가 아무런 장해물도 없이 처음부터 끝까지 진행된다면 재미가 없다. 그래서 도중에 흉악한 몬스터의 습격을 받거나 악당의 간계에 빠지는 등의 고난을 겪어 목숨을 잃기도 하는데, 그러면 세이브 포인트까지 돌아가서 중간부터 게임을 다시 시작해야 한다. 이때 플레이어 자신은 실패한 기억을 유지하고 있으므로 이번에는 고난을 극복하고 앞으로 나아갈 수 있다.

이런 AVG/RPG의 흐름을 이야기에 응용한 것이 '반복해서 과거로 돌아간다'는 SF적 설정이며, 이 설정을 최대한으로 이용한 작품이 그 자체도 AVG인 〈슈타인즈 게이트Steins;Gate〉(2009)다. 2011년에는 텔레비전 애니메이션으로 제작되어 대히트를 기록했다.

우연히 타임머신을 발명해 버린 청년이 어떤 비극적인 사건을 저지하기 위해 수없이 과거로 돌아가 역사를 바꾸려 하는 스토리가 펼쳐지는데, 이것으로 해결되었구나 싶은 순간 의외의 형태로 이야기가 급변하는 전개가 일품이다.

이 게임의 특징은 곳곳에서 학술용어를 사용해 마치 과학적인 듯이 꾸민 것이다. 가령 타임머신의 원리로는 '커 블랙홀Kerr black hole'이 이용되는데, 이것은 자전하는 블랙홀로서 에너지를 집어삼키기만 하는 것이 아니라 뱉어 낼 가능성이 있는 등 흥미로운 시공 구조를 지니고 있다. 블랙홀의 내부에는 일반상대성이론의 방정식이 성립하지 않게 되는 특이점이 존재한다. 커 블랙홀의 경우 특이점은 점이 아니라 고리의 형태를 띠며, 〈슈타인즈 게이트〉에서는 그곳을 통과함으로써 기억 정보를 과거의 자신에게 보낸다(실현되긴 어렵겠지만).

흥미로운 점은 시간을 역행해서 과거에 영향을 끼치면 '세계선(世界線)이 이동한다'는 주장이다. 이는 과거로 돌아가면 새로운 평행우주에 들어간다는 것이며, 도이치의 다세계 해석을 참고한 것으로 보인다. 다세계 해석에서는 모든 평행우주가 병존한다고 여겨진다. 그러나 이래서는 비극이 일어나는 세계와 일어나지 않는 세계가 함께 존재하므로 비극을 회피했다고 볼 수 없다. 〈슈타인즈 게이트〉에서는 미래에서 간섭이 들어온 시점에 하나의 평행우주만이 이른바 '실재화된다'고 설정했다. 이때 정보의 패러독스(일어나지 않은 사건의 기억이 있다는)가 발생할 테지만, 주인공은 실재하지 않게 된 평행우주의 정보를 유지하는 특수 능력(AVG/RPG의 플레이어 시점?)을 지녔다는

'핑계'를 댄다.

　작중에서 빈번하게 사용되는 '세계선'이라는 말은 학술용어의 오용으로 생각된다. 상대성이론에서 말하는 세계선은 4차원 시공 내부에서의 운동 물체의 궤적이며, 세계가 어떻게 변화하는지를 나타내는 길이 아니다. 다만 세계 전체의 상태를 초다차원 위상공간(이라고 불리는 수학적인 가상공간) 내부의 궤적으로 나타낸 '세계의 세계선'을 가리키는 것이라면 의미는 통한다.

　〈슈타인즈 게이트〉의 주인공은 과거로 돌아가도 미래를 쉽게 바꾸지 못한다는 물리적 제약 때문에 고생한다. 이 물리적 제약은 작중에서 '어트랙터(Attractor)'라고 불리는데, 이것은 초기 조건을 조금 바꾸더라도 마지막에는 매우 비슷한 상태로 수렴하는 시스템에서, 수렴하는 최종 상태를 나타내는 용어다. 예를 들어 우주 공간에서 가스나 먼지가 응집할 경우 중력 등의 영향으로 편평한 소용돌이 형태가 되는 것이 일반적인데, 이 편평한 소용돌이가 어트랙터에 해당한다. 물리학적으로 보면 〈슈타인즈 게이트〉처럼 인간이 일으키는 비극적인 사건이 어트랙터가 되는 일은 없다. 오히려 과거 개변을 했을 때의 나비효과가 더욱 현저하게 드러나서 상상도 못 했던 사건이 일어나는 쪽이 더 개연성이 클 것으로 보인다.

　〈슈타인즈 게이트〉의 홍보 글에는 "99퍼센트의 과학과 1퍼센트의 판타지"라는 문구가 사용되었는데, 그 정도로 과학적이지는 않다. 이 점을 비판하는 것은 고지식한 행동이겠지만.

• 텔레비전 애니메이션 〈스즈미야 하루히의 우울〉의 무한 타임 루프 •

'수없이 과거로 돌아가서 다시 시작한다'는 설정이 인기가 많은 이유는 AVG나 RPG 등의 게임에 친숙한 사람이 작품 세계에 쉽게 빠져들 수 있어서가 아닐까 싶다. 이런 게임은 일관되게 플레이어의 시점에서 그려지며, 타인에 대한 배려는 부족한 것이 보통이다.

　다세계 해석에 입각한 작품을 볼 때 마음에 걸리는 점은, 주인공의 행동으로 다른 세계가 통째로 소멸되는 전개가 나올 때 자신의 인생 경험이 '없었던 것이 된' 사람들은 언급되지 않는다는 점이다. 1930년대의 양자론에서도 '인간의 관측 행위를 통해서 무슨 일이 일어나는지가 결정된다'라는 주장이 나왔는데, 그렇다면 관측하지 않은 다른 대부분의 사람은 어떻게 되느냐는 질문에는 제대로 대답하지 못했다. 1960년대 이후의 양자론에서는 통계적인 성질을 고려하는 수법이 발전했고, 이에 따라 인간의 관측을 중시하는 연구자는 이제 거의 볼 수 없게 되었다.

그런데 '없었던 것이 된' 사람들에게 주목한 작품이 있다. 2009년에 방영된 텔레비전 애니메이션 〈스즈미야 하루히의 우울涼宮ハルヒの憂鬱〉의 '엔드리스 에이트'라는 에피소드다. 여기에서는 자기 뜻대로 되지 않았던 나날을 다시 보내고 싶어 한 소녀가 무의식중에 초능력을 발휘해서 세계 전체의 시간을 되돌려 버리는 과정이 묘사되었다. 그런데 시간을 되돌리기는 했어도 출발점이 되는 조건이 똑같은 까닭에 결국 몇 번을 해도 자기 뜻대로 되지 않자 계속 시간을 되돌리는데, 그럴 때마다 '없었던 것이 된' 사람들의 모습이 꼼꼼하게 묘사된다.

같은 역사가 수없이 반복된다는 내용의 SF 작품 중에서는 플레이어의 관점에 얽매이지 않고 타인에 대한 배려를 제시한 걸작이라고 본다.

CHAPTER 4

생물의 시간, 인간의 시간

⋮
•

 타임머신이나 평행우주 이야기를 하면 현대물리학이 현실의 생활과는 동떨어진 공리공론처럼 생각될지도 모른다. 그러나 그렇지 않다. 우주의 물리는 왜 지구에서 생명이 탄생했는지를 설명하는 열쇠이며, 생명이 언제까지 번영할 수 있을지도 우주의 모습에 달려있다.

 우주가 생명에게 큰 영향을 끼치고 있다는 사실은 실감하기 어려울 터이다. 그런 영향은 수억 년이라는 유구한 시간 속에서 조금씩 미치는 것이며, 진화의 과정에 집약되어 있기 때문이다. 우리은하의 가장자리에 위치한 태양계의 세 번째 행성에서 태어나 그곳에 눌러앉아 초라한 일생을 살다 가는 인간이 우주의 거대한 영향력을 실감할 리 없는 것이다.

 외부 세계를 이해하려고 할 때, 오감에만 의존해서는 본질을 파악할 수 없다. 인간은 자신을 기준으로 사물을 판단하는 습성이 있는 까닭에 터무니없는 오해를 하는 경우가 있다. 매미의 성충이 일주일 정도밖에 살지 못한다는 사실을 알면 '이 얼마나 짧고 덧없는 생명이란 말인가?'라고 동정하기도 하고, 식물은 움직이지 않고 한곳에 계속 있으니 공허한 삶이라며 얕잡아 보기도 한다. 그러나 이런 시각은 인간의 제약된 삶에서 비롯된 것이다.

  물리학을 포함한 과학은 인간의 제약으로부터 사고를 해방시켜 준다. 시간이라는 주제에 관해서도 과학적인 관점에서 바라보면 일상적인 이해와는 크게 다른 무언가가 보일 것이다. 제4장에서는 특히 우주와 진화의 관계에 주목하면서 생명에게 시간이란 무엇인가를 생각해 보려 한다.

1. 물질세계도 진화한다

우주의 역사는 직선적이다

우주가 어떤 역사를 거쳐왔는지에 관해서는 오래전부터 두 가지 생각이 있었다. 하나는 직선적인 역사로, 우주가 탄생했을 때부터 시시각각으로 변화를 계속하다 어떤 종말을 맞이할 것이라는 생각이다. 반면에 똑같은(유사한) 시간을 반복하는 원환적圓環的인 역사를 생각한 사람들도 있었다. 춘하추동의 패턴을 매년 반복하는 지구의 1년처럼, 아주 비슷하지만 세부적으로는 다른 사건이 주기적으로 일어난다는 우주관인데 (제3장에서 소개한 타임 루프처럼) 완전히 똑같은 역사가 반복되는 경우도 생각할 수 있다. 참고로, 우주 전체의 시간이 고리 형태가 되는 모델은 '불완전성정리(수의 체계에는 옳음도 옳지 않음도 증명할 수 없는 명제가 존재한다는 정리)'를 발견한 것으로 유명한 수학자 쿠르트 괴델이 1949년에 고안했다.

직선적이라는 생각과 원환적이라는 생각 중 어느 쪽이 정당한지에 대해서는 현재 꽤 명확히 결론이 난 상태다. 우주에는 천체의 자전이나 공전에 동반되는 주기적인 현상이 존재하지만, 전체적으로는 직선적인 변화가 계속된다는 결론이다.

빅뱅 이전에 관해서는 관측 데이터가 거의 없으니 빅뱅을 '이' 우주의 시작이라고 생각하자(인간이 사는 이 우주 외에 다른 우주가 존재할 가능성에 관해서는 143쪽의 '[칼럼] 또 하나의 다세계—멀티버스'에서 이야기했다). 세세한 부분은 무시하고 대략적으로 이야기하면, 우주의 역사는 한 문장으로 이야기할 수 있다. 방대한 에너지의 방출을 통해 고온·고밀도 상태의 빅뱅에서 시작된 이 우주는 일반상대성이론을 따라 공간이 팽창했기 때문에 에너지밀도가 희박해져서 온도가 내려갔고, 최종적으로 에너지밀도가 실질적으로 0인 '아무것도 없는 절대영도의 세계'가 된다. 이것이 현대적인 우주론이 제시하는 직선적인 우주의 역사다.

다만 아무것도 없는 우주가 되려면 인간은 상상도 할 수 없는 긴 세월(수년이 수십~수백 자리가 되는 기간)이 필요하다. 거꾸로 말하면, 인간은 직선적으로 변화하는 우주의 역사에서 역사가 시작된 직후의 아주 짧은 순간을 살다가 사라질 존재인 것이다.

왜 138억 년인가?

표준적인 우주론에 따르면, 현재는 빅뱅으로부터 138억 년이 경과한 시점으로 생각된다. 왜 수십억 년, 수백억 년도 아닌 백수십억 년일까? 이 의문에 대답하는 열쇠는 '빛'이다(정확한 숫자는 필요 없으므로 지금부터는 대략적인 숫자로 이야기하겠다).

밤하늘을 올려다보면 빛나는 천체가 무수하다. 아마도 많은 사람이 그것을 당연한 광경이라고 생각할 것이다. 그러나 엄청나게 긴 우주의 역사에서 별들이 밝게 빛나는 기간은 사실 상당히 짧다. 은하의 내부에서 별이 활발히 형성되는 것은 빅뱅으로부터 수십억 년 이상이 지나서 작은 은하들이 융합해 거대해지는 단계다. 별이 형성될 때는 비교적 저온의 가스가 원료로 사용되는데, 이런 가스는 융합한 왜소은하로부터의 공급이 끊기면 소비되어서 계속 감소한다. 우리은하는 지금도 작은 은하를 흡수하면서 별을 계속 생산하고 있는 활기 넘치는 중년의 소용돌이은하다. 그러나 고립된 은하의 대부분은 이미 별을 거의 만들지 않는 늙은 타원은하가 되었다.

형성된 천체 중에서 핵융합을 시작할 수 있는 천체는 극히 일부이며, 게다가 빛을 방출할 수 있는 기간('수명'이라고 부르기로 하자)은 한정되어 있다. 인간의 눈에 보이는 가시광선을 많이 방출하는 항성의 수명은 길어도 수백억 년밖에 안 된다. 태양과 마찬가지로 노랗게 빛나는 유형의 항성(천문학 용어로는 분광형이 G형인 주계열성이라고 부르는 항성으로, 1등성에서는 연성계連星系인 알파센타우리 A뿐이다)은 수명이 100억 년 전후이며, 질량이 태양의 몇 배 이상인 희푸른 항성(스피카나 베가 등)의 수명은 1억 년도 안 된다. 핵연료가 적어서 빛이 약한 적색왜성의 수명은 수천억 년에서 수조 년이지만, 밤하늘에서 뚜렷하게 보일 만큼 밝게 빛나는 천체는 앞으로 1,000억 년 안에 대부분 모습을 감출 것이다. 핵연료를 전부 사용한 백색왜성이나 애초에 핵융합을 하지 않은 갈색왜성은 빛을 내지 않는 채로 계속 존재한다. 우주는 이런 빛나지 않는 천체밖에 없는 암흑세계로 긴 세월을 보낸 뒤, 최후에는 물질이 붕괴하고 천체도 사라져 아무것도 없는 곳이 된다.

인간이 살고 있는 '현재'는 밝게 빛나는 항성이 가장 활발하게 만들어지던 시기로부터 수십억 년이 경과한 시점이다. 이 수십억 년이라는 기간은 지구에서 생명이 단세포생물에서 다세포생물, 그리고 문명을 발전시킬 수 있는 지적 생명으로 진화하는 데 필요했던 기간과 일치한다. 요컨대 인간에 이르는 생명의 역사는 우주에 빛이 충만했던 시기에 정확히 수렴한다.

"인간은 왜 물이 풍부한 행성에서 살고 있을까?"라는 질문의 정답은 "물이 풍부한 행성이 아니면 지적 생명이 등장할 수 없기 때문"이다. 우주에 존재하는 무수한 행성 가운데 물이 풍부한 행성에서만 생명이 진화해 "우리가 사는 세계에는 왜 물이 풍부할까?"라고 자문하는 것이다. 이와 마찬가지로 "왜 현재는 빅뱅에서 수백억 년이 흐른 시점일까?"라는 질문에 대한 답은 "이 시기가 가장 빛으로 충만한 시기이기 때문"이며, '그렇지 않은 시기에는 지적 생명이 등장할 수 없다'고 볼 수 있다.

빛의 줄기가 생명을 탄생시켰다

생명은 각각의 생체 분자부터 신체 전체의 구성에 이르기까지 질서 있게 만들어진 고도의 조직체다. 그런 것이 어떤 의도도 없이, 누군가의 지시도 받지 않은 채 물리법칙에 따라서 형성되었다는 사실이 잘 믿기지 않을지도 모른다. 빛은 이 수수께끼를 해명하는 데 중요한 역할을 한다.

우주에는 매우 많은 수의 항성이 있다. 우리은하에만도 2,000억 개가 넘는 항성이 있을 정도다. 그 대부분은 행성을 보유하고 있으며, 행성 중 상당수의 표면에 액체 상태의 물로 구성된 바다가 존재한다.

항성과 행성의 시스템이 형성되는 구조에 관해서는 이미 (제2장, 97쪽의 '생명 진화를 위한 유예기간'에서) 설명한 바 있다. 아주 간단히 요약하면 '빅뱅의 에너지가 희박해질 때 공명 상태가 되어서 남은 소립자가 중력의 작용으로 소용돌이치면서 응집, 소용돌이의 중심에서 뭉쳐 핵융합을 시작한 것이 항성이고, 주위의 원반 내부에서 따로따로 모인 것이 행성'이라는 내용이다.

빅뱅은 질서 정연한 에너지 방출이었기에 우주 곳곳에서 작은 소용돌이가 똑같이 형성되어 방대한 수의 항성-행성계가 생겨났다. 또한 물은 우주 공간에 다량으로 존재하는 평범한 물질이므로 표면에 바다가 형성된 행성도 다수 존재할 터이다. 이렇게 해서 생긴 시스템은 고온 물체(항성)와 저온 물체(바다)가 항성의 수명에 해당하는 기간에 걸쳐, 접촉은 하지 않아도 계속 근처에 있는 상태로 존재한다는 특징이 있다.

'통계 법칙에 따라서 에너지의 편중이 평준화된다'는 일반론에 따르면, 고온 영역에서 저온 영역으로 에너지의 이동이 일어날 것이다. 다만 천체끼리 접촉한 상태가 아니어서 열전도는 일어나지 않으며, 고온의 항성에서 방출된 빛이 행성 표면에 내리쬐면서 에너지가 이동한다. 그리고 이 빛의 방출이 그 밖의 과정에서는 좀처럼 일어나지 않는 화학변화를 일으킨다.

빛은 단순한 파동으로 전달되는 것이 아니다. 광자라는 소립자의 형태로 날아오는데, 모든 소립자가 그러하듯이 광자도 에너지 덩어리(에너지 양자)다. 고온의 광원에서 방출되는 빛은 저온 광원에 비해 광자 하나하나의 에너지가 커지는 경향이 있다. 거대한 에너지 덩어리가 바닷속에 녹아있는 분자에 충돌하면 심벌즈를 격렬하게 두드렸을 때 다양한 소리가 나는 것과 마찬가지로 다양한 공명 상태가 실현되며, 때로는 내부에 높은 에너지를 축적한 새로운 분자가 탄생하기도 한다.

항성에서 방출된 빛을 받은 바다는 이런 반응을 통해서 다양한 화학물질이 녹아든 수프 같은 상태가 된다. 생명의 단서가 되는 물질의 진화는 빛이 계속 내리쬐는 바다에서 일어난 것으로 생각된다.

엔트로피가 감소하는 과정

항성에서 방출된 빛이 생명 탄생의 계기라는 말을 들으면 엔트로피 증가의 법칙은 어떻게 된 거냐고 궁금해하는 사람도 있을 것이다. 이 점에 관해서 언급하고 넘어가도록 하겠다(제2장, 74쪽의 '열은 왜 온도가 낮은 쪽으로 흐르는가?'에서 이어지는 조금 어려운 이야기이므로 엔트로피에 관심이 없는 사람은 건너뛰어도 무방하다).

엔트로피는 에너지 분포의 경향을 나타내는 양으로, 에너지가 어딘가에 편중되어 있을 때는 작고, 골고루 퍼지면 커진다. 항성-행성계의 경우 열에너지의 대부분이 항성에 집중되어 있는 까닭에 심하게 편중되어 있으며, 따라서 엔트로피가 작은 상태다(제2장에서 소개한 진자의 사례에서 추에 에너지가 집중된 상황과 유사하다).

엔트로피를 증가시키는 과정은 편중되었던 것을 평준화하는 에너지의 이동이다. 항성-행성계의 경우는 항성이 방출하는 빛을 통해서 에너지가 이동함으로써 엔트로피가 증가한다. 여기에서 잊지 말아야 할 점은, 방출되는 빛 에너지의 거의 전부가 극한의 우주 공간에 흩뿌려지고, 무한소無限小라고 해도 과언이 아닐 정도의 소량만이 생명의 탄생에 관여한다는 것이다.

광대한 우주 공간에 존재하는 물질의 양은 극소수에 불과하다. 지구는 지름이 약 1만 킬로미터, 태양은 약 100만 킬로미터로, 인간의 관점에서는 거대한 존재다. 그러나 태양과 가장 가까운 항성까지의 거리는 4광년, 다시 말해 약 40조 킬로미터에 이른다. 이렇게 보면 우주 공간이 얼마나 텅텅 비어있는지 알 수 있을 것이다. 물질은 공간이 팽창하는 과정에서 남겨진 예외적 존재인 것이다.

태양이 방출하는 빛의 대부분은 우주 공간에 흩어지고, 빛 에너지 중 수십억 분의 1만이 지구에 도달한다. 그리고 이 보잘것없는 양의 빛 중에서 극히 일부가 생명 활동을 가능케 한다.

전체적으로 엔트로피가 급격히 증가할 때는 국소적으로 엔트로피의 감소가 일어나더라도 물리법칙에 위배되지 않는다. 이것은 물을 예로 들어서 유추할 수 있다. 물의 경우, 흐름이 잔잔하다면 물리법칙에 따라서 높은 곳에서 낮은 곳으로 흐르지만 폭포처럼 격렬한 흐름이 있을 때는 폭포 아래의 웅덩이(용소)에서 물방울이 튀어 오르듯 상승하는 물이 존재한다. 이와 마찬가지로, 고온의 항성에서 방출되는 방대한 빛의 극히 일부가 저온의 바다로 흘러들 때 '에너지를 축적한(=에너지를 평준화하지 않은) 분자가 바닷속에서 생성된다'는 국소적인 변화가 일어나더라도 엔트로피 증가의 법칙에 위배되지는 않는다.

생명은 엔트로피 증가의 법칙을 깨뜨리고 탄생한 것이 아니다. 어디까지나 물리법칙을 따르면서 탄생했다.

말이 나온 김에 조금 더 이야기하면, 지구 표면의 격렬한 에너지 흐름으로는 태양에서 방출된 빛 이외에도 지구 심부의 마그마에서 흘러나오는 열류가 있다. 심해저의 열수 분출구 부근에는 튜브웜tubeworm(심해에 사는 튜브 모양의 생물로 환형동물의 일종)의 군생 등 지상에서는 볼 수 없는 독자적인 생태계가 구축되어 있는데, 이곳에서는 이 흐름을 생명 활동에 이용한다. 이런 사실을 근거로, 빛뿐만 아니라 땅속에서 나오는 열의 흐름이 생명의 탄생에 관여했다는 설도 설득력 있게 받아들여지고 있다.

물질과 생명

우주는 직선적으로 파괴되어 가는데, 지상에서는 끊임없이 만물이 새롭게 태어나고 죽어가고 있다. 20세기 이전에는 이런 생명의 순환이 일어나려면 물리법칙을 따르지 않는 생물의 독자적인 힘이 필요하다는 인식이 지배적이었다. 이른바 '생기론生氣論'이다. 그러나 양자론이 발전함에 따라 생물을 구성하는 분자나 결정이 인간이 만드는 어떤 기계 장치보다도 훨씬 정밀하고 고성능임이 판명되었다. 분자는 에너지 상태에 따라 구조가 미묘하게 변화하며, 마치 특정 목적을 위해 자율적으로 기능하는 게 아닌가 싶은 거동을 보이기도 한다. 이런 발견을 계기로 생기론은 점차 영향력을 잃어갔고, 물질과 생명 둘 다 물리적인 법칙을 따르고 있다는 견해가 지지를 받게 되었다.

지구상에서 볼 수 있는 다양한 현상은 어딘가에서 평형상태에 도달해 정지하는 시험관 속의 화학반응과 달리 수십억 년에 걸쳐 끊임없이 계속되고 있다. 그 이유는 지구가 시험관 같은 폐쇄적인 시스템이 아니라 태양에서 방출된 빛이 계속 쏟아져 내려오고 남아도는 열을 적외선의 형태로 우주 공간에 방출하는 열린계이기 때문이다.

고온의 광원에서 날아온 거대한 에너지 덩어리인 광자는 차가운 물속에서는 본래 있을 수 없는 부자연스러운 분자를 만들어 낸다. 그중에서도 중요한 것은 내부에 에너지를 축적한 고에너지 분자다. 이때 만약 바닷물의 온도가 높으면 열운동을 하는 물 분자가 주위에서 격렬히 충돌하기 때문에 거대한 에너지를 축적한 분자는 금방 파괴되고 만다. 그러나 저온의 바닷물 속에서는 주위에서 날아와 충돌하는 분자가 적은 까닭에 좀처럼 분해되지 않는다. 그리고 이윽고 다른 분자를 만나서 또 다른 화학반응을 일으켜, 빛이 없었다면 만들어지지 않았을 복잡한 분자를 만들어 낼 것이다. 생물이 존재하지 않아도 물질만으로 진화가 가능한 것이다.

물질 진화에서 결정적으로 중요한 단계는 자신을 복제하는 분자(구체적으로는 DNA나 RNA 등의 핵산)의 등장이다. DNA는 마치 줄사닥다리 같은 이중나선 구조를 띠고 있다. 자기 복제를 할 때는 먼저 줄사닥다리의 디딤대 부분이 효소의 작용으로 절단되며, 그 후 양쪽의 절단 부분에 이전 것과 동일한 것이 달라붙음으로써 하나의 DNA가 2개로 늘어난다.(그림 4-1)

그림 4-1 DNA의 자기 복제

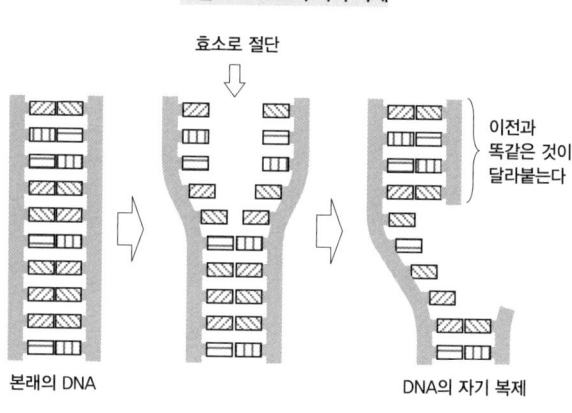

물론 아직 생물이 없었던 지구에서 갑자기 DNA 같은 복잡한 분자가 만들어진 것은 아니다. DNA 합성에 필요한 효소 같은 것도 준비될 필요가 있다. 지구상에 최초의 생명이 탄생하기 이전 단계에서 이런 분자가 어떻게 만들어졌는지는 정확히 알 수 없다. 좋지 않은 표현이지만, '사격 솜씨가 형편없어도 많이 쏘다 보면 우연히 한두 발은 맞히는' 식이 아니었을까 싶다.

태곳적의 바닷속에서는 햇빛에서 에너지를 얻음으로써 다양한 분자가 차례차례 만들어졌다. 그 대부분은 어떤 역할도 하지 못하고 분해되었지만, 자기 복제 능력이 있는 분자가 아주 우연히 탄생할 가능성이 아예 없지는 않았을 것이다. 핵산의 주요 구성 요소인 염기는 이미 운석에서 발견되었으며, 생물을 매개하지 않고 생성될 수 있음이 밝혀졌다. 또한 효소 등 단백질의 근간이 되는 아미노산도 비생물적으로 생성할 수 있다. 이런 구성 요소가 수억 년이라는 세월에 걸쳐 결합·분해를 거듭했고, 그 과정에서 우연히 자기 복제를 할 수 있는 분자가 등장하자 다른 분자보다 살아남는 데 유리해져서 계속 존속한 끝에 가장 원시적인 생명의 기원이 되었다는 추측이 성립한다.

물질도 끊임없이 새롭게 태어나고 죽는 과정을 이어온 것이다.

2. 생명의 역사를 통해서 본 시간

생물계는 우연의 지배를 받고 있다

핵산 같은 복잡한 생체 분자가 우연히 생성되었다고 말하면 도저히 믿기지 않을지 모른다. 그러나 생물은 기본적으로 우연의 지배를 받는 존재다. 그리고 이 성질은 오늘날에도 곳곳에서 모습을 드러내고 있다.

개인적인 이야기지만, 고등학교에서 생물학을 공부했을 때 캘빈 회로 그림을 보고 고민에 빠졌다. 캘빈 회로는 광합성에서 화학반응의 한 단계다(반응의 자세한 내용은 중요하지 않으므로 그림을 전체적으로 바라보는 것만으로 충분하다). RuBP(리불로스 1,5-이중인산)로 시작해, ATP(아데노신 3-인산)에서 에너지를 받기도 하고 효소의 도움을 빌리기도 하면서 이산화탄소에서 유래한 탄소를 결합해 다양한 분자로 모습을 바꾸고, 마지막에는 다시 RuBP로 돌아가는 루프를 형성한다. 루프 도중에 필요 이상으로 생성된 GAP(글리세르알데하이드 3-인산)가 외부로 방출되어 전분 등으로 가공된다.(그림 4-2)

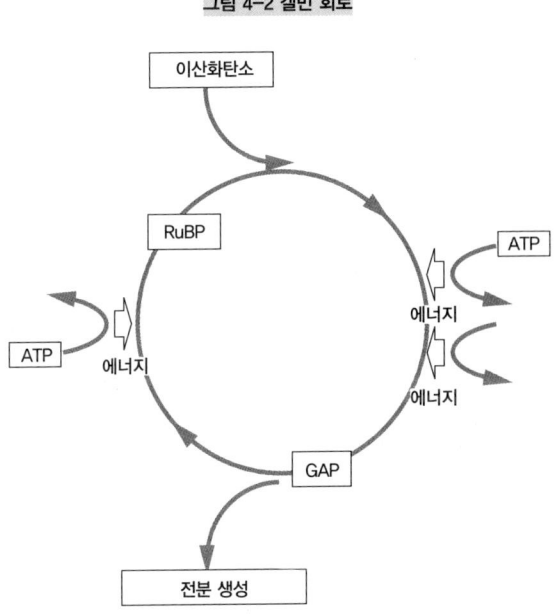

그림 4-2 캘빈 회로

내가 고민한 것은 진화의 과정에서 어떻게 이런 복잡한 회로가 만들어졌느냐다. 회로의 일부분만으로는 아무런 도움이 안 되기 때문에, '유전자에 일어난 변화 중에서 도움이 되는 것만이 선택되어 정착한다'는 다윈식의 진화론으로는 도저히 설명이 되지 않았다.

그 후 대학교에 들어가 '분자 진화의 중립설'을 공부했을 때 수수께끼가 조금 풀렸다. 이것은 무작위로 생겨난 유전자의 돌연변이 가운데 도움이 되지 않는 것도(경우에 따라서는 약간 유해한 것조차도) 상당히 긴 세대에 걸쳐 존속하면서 진화에 기여한다는 학설이다. 현재는 단백질의 변이 분포 등을 조사한 결과 기본적으로 옳은 개념임이 판명되었다.

유전자의 돌연변이는 빈번히 일어나고 있으며, 그 결과 부모와는 조금 다른 단백질을 가진 개체가 출현한다. 광합성의 경우도 유전자 변이로 등장한 단백질 때문에 새로운 반응 경로가 생겨나거나 기존의 반응이 저해되는 등 다양한 패턴의 반응이 일어난다. 그리고 이것이 반복되는 사이에 반응 경로가 우연히 연결되어서 루프가 되자, 관여하는 분자를 효율적으로 이용할 수 있기에 그 반응을 몸속에서 실현할 수 있는 종이 지배적인 위치를 점하고 다른 종은 도태되었을 것이다. 캘빈 회로를 몸에 지닌 생물은 이런 우연을 통해서 탄생했으리라.

생물이 지닌 기관 중에도 우연히 생긴 것으로 추정되는 것이 많다. 가령 눈의 수정체(눈동자 속에 있는 투명한 볼록렌즈 모양의 조직으로, 망막에 상이 맺히게 하는 것)가 그렇다. 수정체 같은 투명한 생체 조직은 눈 이외에는 딱히 사용할 도리가 없다. 그러나 수정체가 없으면 눈은 기능을 제대로 발휘하지 못한다. 마치 닭과 달걀의 관계 같은 수정체와 눈은 진화의 어떤 과정에서 생겨났을까?

아무래도 수정체는 순수한 우연으로 생겨난 듯하다. 수정체의 주성분인 크리스탈린은 다른 기능을 실현하는 스트레스 단백질(세포가 스트레스에 처했을 때 합성되는 단백질—옮긴이)과 거의 같은 구조로, 어떤 계기를 통해 변이가 일어나 투명 조직으로서 발현한 것으로 생각된다. 그대로는 아무런 쓸모가 없는 조직이지만, 중립성이 주장하듯이 한동안 존속하다가 때마침 빛에 반응하는 시세포가 근처에 모였을 때 눈의 수정체로서 역할을 하게 되었을 것이다.

생물이 어떤 생활 방식을 획득하느냐는 우연의 지배를 받는다. 각각의 생물종이 이 책의 주제인 시간과 관련해서 채용한 생존 전략도 우연의 산물이라고 말할 수 있을 것이다.

식물의 시간

생물은 거듭된 우연을 통해서 진화해 왔으며, 우연히 자신에게 적합한 특정 환경(이른바 '니치niche')을 만났을 때 생존율이 높아져서 개체수를 늘렸다. 그 생존 전략에 미리 정해진 '정답'은 없었으며, 시행착오를 거치면서 대응해 왔다. 이는 시간에 대한 대응도 마찬가지다.

모든 생물은 '자신의 시간'을 살고 있다. 인간이 느끼는 시간은 감각기관에서 입력된 것을 중추신경계에서 재구성한 정보일 뿐, 모든 생물에 공통되는 일반성을 지닌 것이 아니다. 가령 식물은 인간과 전혀 다른 시간을 살고 있다. 식물의 생존전략은 스스로 유지하고 증식하는 데 필요한 에너지를 모두 태양 광선에서 얻는다는 것이다. 동물은 포식을 통해서 다른 생물로부터 영양을 빼앗지만, 식물은 자신의 몸속에서 광합성을 한다.

광합성의 메커니즘은 식물이라는 그룹이 탄생하기 이전부터 존재했다. 식물의 선조는 광합성세균으로, 이것이 현재의 돌말류 같은 진핵생물(세포 속에 세포핵이 있는 생물)로 진화했고, 그 후에 일조량이 적은 해역으로 떠내려가지 않도록 얕은 해저에 고착한 해조와 일조량이 더 많은 육지에 뿌리를 내린 육상식물로 진화했다. 육상에서 다른 식물과 빛을 다투게 되자, 중력에 저항해서 높이 자라나 빛을 모을 필요가 생겼다. 그래서 세포막 바깥쪽을 뒤덮는 세포벽을 강화해 줄기를 높이 뻗게 되었다. 리그닌^{lignin}(침엽수나 활엽수 등의 목질부를 구성하는 다양한 성분 중 하나로, 식물을 지지하는 역할 외에도 보호하는 기능을 한다—옮긴이)을 이용해서 외피를 목질화한 '나무'는 높이가 수십 미터에 이르는 것도 있다. 키가 큰 식물은 분자 간 힘을 통해서 잎까지 물을 끌어 올리고 그곳에서 햇빛의 에너지를 저장한 전분 등의 분자를 합성한다.

필요한 에너지를 햇빛으로 해결하는 식물은 포식을 위해서 재빠르게 움직여야 하는 동물과 달리 몸을 경화시켜서 천천히 움직이게 되었다. 대형 생물이 재빠르게 움직이려면 일반적으로 막대한 에너지가 필요한데, 몸속의 광합성만으로는 그런 막대한 에너지를 조달하기가 어렵다. 인간의 경우 쌀을 주식으로 삼아서 생활하려면 1년에 100킬로그램이 넘는 쌀을 먹어야 하는데, 그 정도의 쌀을 생산하려면 대략 200제곱미터의 논이 필요하다(일본의 연평균 현미 수확량은 1,000제곱미터당 500킬로그램이 조금 넘는 수준이다). SF에서는 유전자 조작을 통해 엽록체를 지닌 인간이 탄생해서 식사를 하지 않고 햇빛을 받으며 생활한다는 설정을 종종 볼 수 있는데, 이 숫자를 보면 여기저기를 돌아다니면서 생활하기 위한 영양을 체표면의 광합성만으로 확보하기는 어려울 듯하다. 거대한 바이오매스(생물체의 총중량)를 가진 식물에 비해 초식동물의 바이오매스는 상당히 작으며 육식동물에 이르러서는 극히 적은 이른바 '생태 피라미드'의 구성은 에너지 수급 관점에서 봤을 때 필연적이다.

식물은 포식을 위해 재빠르게 돌아다니지는 않지만, 저속 촬영을 해보면 알 수 있듯이 천천히 움직이기는 한다. 가령 해바라기는 햇빛을 받기 어려운 쪽의 줄기가 빠르게 생장하는 굴광성을 따라서 잎에 많은 빛을 받을 수 있는 방향으로 줄기를 구부린다(꽃이 태양 쪽을 향하는 것이 아니다).

많은 식물의 줄기에서 굴광성, 뿌리에서 중력굴성(중력이 가해지는 방향으로 휘어지며 생장하는 성질로 굴지성이라고도 한다)이 발견되며, 이를 통해서 자신의 생장 속도에 맞춰 조금씩 몸을 움직임으로써 환경에 적응한다. 개화나 낙엽 등 계절 변화에 맞춘 움직임도 있다. 인간처럼 초 단위로 돌아다니지는 않지만, 식물도 일 단위 혹은 월 단위로 움직이는 것이다.

부유생물의 시간

바다에는 해파리나 야광충처럼 바닷속을 떠다닐 뿐 능동적으로는 거의 움직이지 않는 젤라틴질의 부유생물이 있다. 인간은 자신을 기준으로 세상을 바라보기 때문에, 신경계를 발달시켜서 근육을 신속하게 움직일 수 있는 척추동물이 부유생물보다 우월하며 생존 경쟁의 승리자라고 생각하는 경향이 있다. 그러나 척추동물이 승자가 될 수 있는 것은, 바닷속의 영양분이 부족해서 다른 생물을 잡아먹으며 살아야만 하는 환경에 한정된다. 생활 오수 등의 영향으로 바닷물이 부영양화富營養化되어 식물 플랑크톤이 비정상적으로 발생하면, 굳이 움직이지 않아도 여기저기에 먹이가 있으므로 움직임이 느린 젤라틴질의 생물도 살아가는 데 아무런 곤란을 겪지 않는다.

한편, 지나치게 증가한 플랑크톤 시체는 해저로 가라앉아서 쌓이게 된다. 그리고 이것을 세균이 분해하는데, 이때 산소를 소비한다. 그 결과 표층 이외의 바닷물은 저산소 상태가 되며, 이는 물고기처럼 먹이를 찾아서 돌아다니는 동물에게 심각한 영향을 끼친다. 근육을 움직일 때 대량의 산소를 사용하는 까닭에, 산소가 부족해지면 살아갈 수 없기 때문이다. 주위에 산소가 충분히 있는 환경에서는 재빠르게 돌아다니는 어류보다 해파리나 해삼처럼 움직임이 느린 젤라틴질의 생물이 오히려 더 생존에 유리한 것이다.

어류 같은 척추동물은 5억 년쯤 전인 캄브리아기에 등장한 것으로 추정된다. 당시는 아노말로카리스(몸길이가 십수 센티미터에서 수십 센티미터인 절족동물의 일종) 같은 (당시로서는) 거대한 육식동물이 등장함에 따라 새로운 생존 전략이 필요한 시대였다. 딱딱한 외피로 몸을 지키는 삼엽충, 머리 부분에 있는 5개의 눈으로 천적을 탐지하는 오파비니아 등을 보면 알 수 있듯 다양한 대응책이 마련되었다. 그런 가운데 '등에 있는 두꺼운 신경관을 통해서 고속으로 신호를 전달해 온몸을 협조시킴으로써 전속력으로 도망친다'는 전략을 채용한 생물이 등장했다. 그것이 바로 척추동물의 선조다. 현재의 창고기류(몸길이 30~50밀리미터 정도의 물고기를 닮은 동물로, 뇌는 없지만 신경관을 포함하는 척삭脊索(척수 아래로 뻗어있는 연골로 된 줄 모양의 물질로 척추의 기초가 되며, 척추동물에 이르러 퇴화한다—옮긴이)이 있다)에 가까운 신체 구조였을 것으로 추정된다.

상상컨대, 이런 빠르게 움직일 수 있는 동물은 처음에는 생존 경쟁에서 유리한 지위를 획득했지만 얼마 안 있어 수많은 경쟁 상대가 등장했을 것이다. 그리고 점차 포식자도 피식자도 더 빠르게 움직이도록 진화했을 것이다. 그런 생물의 자손(혹은 구슬픈 말로)인 인간은 부유생물처럼 여유롭게 살지 못하고 너무나도 바쁘게 살아갈 수밖에 없는 운명인 걸까?

벌레의 시간

몇몇 생물은 일생 동안 수차례에 걸쳐 변태를 함으로써 환경에 대응해 살아남는 전략을 채용했다. 특히 곤충은 알려진 종 가운데 3분의 2 정도가 완전변태를 한다.

전형적인 예로 나비를 생각해 보자. 나비는 알→유충→번데기→성충이라는, 신체 구조가 완전히 다른 단계를 거치면서 각각의 시기를 오로지 특정한 목적을 달성하는 데 사용한다. 가령 성충의 역할은 적당한 산란 장소를 찾아내서 알을 낳는 것이다. 먹이가 충분히 있는 안전한 장소를 찾아내는 데 특화한 신체 구조를 지니고, 짧은 수명(배추흰나비 성충의 수명은 1~2주 정도다)을 산란에 바치는 개체라고 할 수 있다.

나비 성충은 유충과 달리 하늘을 날 수 있는데, 하늘을 날려면 동체에 비해 상당히 큰 날개와 그 날개를 움직이는 강력한 근육이 필요하다. 날개의 내부에는 시맥翅脈이라고 부르는 관이 있어서, 번데기에서 우화한 직후에 이 관에 체액을 흘려 넣어 날개를 펼친다. 번데기 단계는 이런 기관을 준비하는 데 사용된다.

유충은 알에서 부화한 장소에 준비되어 있는 먹이를 맹렬한 기세로 쉬지 않고 먹어서 몸속에 영양분을 축적한 다음 번데기로 변태한다. 배추흰나비의 경우, 알에서 성충이 되기까지의 기간은 수십 일로 성충 기간보다 조금 길다(나비의 종류에 따라 꽤 다르다).

완전변태를 통해서 역할을 분담하기에, 각 단계에서의 행동은 단순한 패턴을 따른다. 성충이 먹이가 있는 장소에 알을 낳아주는 덕분에 나비의 유충은 먹이를 찾아다닐 필요 없이 눈앞에 있는 먹이를 열심히 먹기만 하면 되며, 그래서 '머리의 촉각에 일정 수준의 자극이 가해지면 씹기 위한 근육을 움직인다' 같은 특정 행동 패턴만 발현되면 살아남을 수 있다. 이런 행동 패턴은 근육을 수축시키는 호르몬 등의 유전자를 한 세트로 염색체 위에 배열함으로써 유전적으로 프로그래밍할 수 있다.

완전변태 하는 생물의 경우, 각 단계에 무엇을 위해서 살고 언제 다음 단계로 이행할지가 유전자의 층위에서 거의 결정되어 있다. 이것이 그들의 생존 전략인 것이다.

육상동물의 시간

육상에서 생활하는 대형 동물에게 중요한 과제는 어떻게 중력에 대항하느냐다. 몸길이가 몇 밀리미터 이하인 곤충이라면 공기저항 쪽이 더 큰 문제겠지만, 대부분의 포유류에게는 중력에 저항하기 위해 근육과 뼈의 강도, 신경의 반응속도 등을 어떻게 하느냐가 종을 남길 수 있을지 없을지를 좌우하는 열쇠가 된다.

지표면 부근의 중력으로는 물체가 1미터 낙하하는 데 0.5초 조금 안 되는 시간이 걸리는데, 이것은 어떤 자극에 대해서 인간이 동작을 하는 데 소요되는 시간(0.3~0.4초)과 거의 같다. 물론 우연의 일치는 아니며, 이 정도 속도로 반응하지 않으면 낙하하는 물체를 피하거나 넘어질 것 같을 때 몸을 지탱할 수 없기 때문이다. 뱀이나 도마뱀처럼 땅을 기어가는 동물은 넘어지는 것에 딱히 대응할 필요가 없어서인지 일반적으로 반응이 약간 둔하다.

자극에 대한 반응속도는 중력에 대항하기 위한 필요성과 뉴런(신경세포)의 능력이라는 두 요소의 경쟁을 통해서 결정된다. 뉴런은 신호를 전달하는 역할에 특화한 길쭉한 세포로, 감각기관으로부터 정보를 전달하기도 하고 근육 또는 내분비샘에 지령을 보내기도 한다. 이런 신호는 세포막의 흥분 상태로 먼저 뉴런 내부의 축삭軸索(신경세포에서 뻗어 나온 긴 돌기―옮긴이)을 따라서 전달되며, 말단까지 오면 그곳에서 접속한 다른 뉴런을 흥분시키는(경우에 따라서는 흥분 상태를 억제하는) 형태로 전달된다.

세포가 흥분 상태라는 것은 세포막의 안팎에서 전위차가 크게 변동하는 상태를 뜻한다. 전위차가 발생하는 이유는 세포의 안쪽과 바깥쪽에서 이온(전하를 띤 상태의 원자)의 농도에 차이가 있기 때문이다. 세포막에는 특수한 분자로 구성된 이온 펌프가 있어서 능동적으로 이온을 운반한다. 흥분하지 않은 평상시에는 이온 펌프의 활동으로 일정 수준의 농도차가 발생하며, 이에 따라 휴지전위 또는 정지전위라고 부르는 전위차를 유지한다. 그런데 이 상태에서 뉴런에 외부로부터 특정한 자극이 가해지면 세포막에 있는 이온 채널이 열려서 이온이 지나갈 길이 생긴다.(그림 4-3) 농도에 차이가 있는 상태에서 막의 안쪽과 바깥쪽을 연결하는 통로가 생기면 농도가 높은 곳에서 낮은 곳으로 이온이 확산되며, 그 결과 전위차가 휴지전위에서 급격히 변동한다. 이렇게 변동하는 전위를 활동전위라고 부르며, 연속적으로 활동전위가 발생하는 상태가 흥분이다.

통로가 되는 이온 채널은 단시간에 닫히기 때문에 막 안팎의 전위차는 다시 휴지전위로 돌아간다(다만 막 안팎을 오가는 이온에 나트륨이나 칼륨 등 복수의 종류가 존재하고 이온 채널

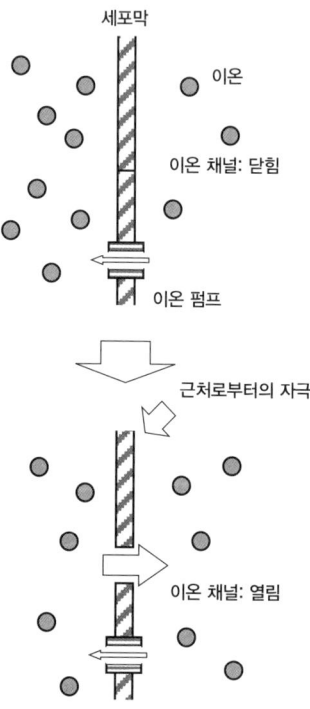

그림 4-3 이온 채널의 개폐

의 개폐 시간에도 차이가 있는 까닭에 실제 전위의 변동은 상당히 복잡해진다). 이런 전위 변동에 소요되는 시간은 1~몇 밀리초다.(그림 4-4)

세포막 일부에서 일어난 흥분은 길쭉한 뉴런의 축삭을 따라서 이웃으로 전달되어 간다. 전달 속도는 뉴런의 굵기와 유형

그림 4-4 뉴런의 전위 변화

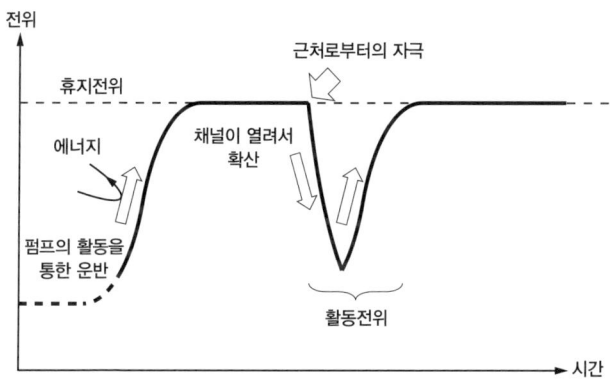

에 따라서 달라진다. 특히 움직임이 빠른 조류나 포유류의 경우는 초속 100미터 이상이다. 흥분 상태가 말단까지 전달되면 접속되어 있는 다른 뉴런에 (흥분 또는 제어라는 형태로) 신호를 전달한다. 뉴런과 뉴런은 직접 연결되어 있지 않고 그 사이에 시냅스라고 부르는 틈새가 존재하며, 분비된 신경전달물질이 이동함으로써 신호가 전달된다. 그래서 신호가 시냅스를 통과할 때 수 밀리초의 지연이 발생한다.

대형 육상동물의 경우 다수의 뉴런이 결합한 복잡한 네트워크가 구성되어 있다. 대뇌피질에 있는 뉴런의 수는 쥐의 경우도 수천만에서 수억 개에 이르며, 인간의 경우는 거의 100억 개나 된다. 대형 동물이 움직일 때는 이런 뉴런이 집단적으로 일제히 흥분하면서 서로에게 복잡한 작용을 끼침으로써 신체를 제어한다. 하나의 뉴런에서 활동전위가 변동되는 데 소요되는 시간은 1밀리초 정도지만 방대한 수의 신경 흥분이 얽혀 있는 까닭에, 감각 자극을 받고 나서 신체를 제어하기 위해 근육을 움직이기 시작하기까지 아무리 빨라도 수백 밀리초(영 점 몇 초)는 걸린다. 그리고 이 시간은 물체가 신체 길이와 비슷한 정도의 거리를 낙하하는 데 소요되는 시간과 거의 같다. 그 덕분에 중력 속에서 몸을 제어하며 활동할 수 있는 것이다. 중력이 조금 더 강했거나 약했다면 신체의 반응속도도 그에 맞춰서 달라졌을 것이다.

인간을 포함한 지구상의 육상동물은 뉴런의 구조를 효과적으로 사용함으로써 중력 환경에 적응했다. 그리고 고맙게도 중력 속에서 생활한 결과 뉴런의 네트워크가 고도로 진화해 지성을 획득할 수 있었던 것으로 여겨진다.

COLUMN

수명이 있는 생물, 없는 생물

생물에게는 당연히 수명이 있다고 생각할지 모르지만, 사실 모든 생물에게 수명이 있는 것은 아니다.

뚜렷한 수명이 있는 생물로는 완전변태를 하는 곤충이 있다. 단계별로 특정한 삶을 살도록 유전자 층위에서 정해져 있으며, 죽는 시기까지도 결정되어 있다.

조류와 포유류 대부분은 성장기와 번식기가 거의 정해져 있으며, 생식 능력이 사라지면 죽는 것이 보통이다. 그런 까닭에 번식기가 끝날 때까지를 생물학적인 수명으로 간주할 수 있다.

다만 인간(그리고 고래 중 일부)은 생식 능력을 잃은 뒤에도 한동안 계속 살 수 있기에 평균수명이 생식 가능 기간을 크게 웃돈다. 그 이유로 생각할 수 있는 것은 자식을 양육하는 효과다. 고령이 되어도 양육자로서 역할을 할 수 있는 사회라면, 평균수명이 긴 편이 자식의 생존 확률을 높일 수 있으므로 진화의 법칙에 따라 긴 수명의 유전자가 선택된다는 것이다.

성장기가 왜 있는지에 관해서는 아직 명확히 판명되지 않았다. 다만 생쥐를 이용한 연구에서 기억력을 증강시키는 단백질이 어린 시기에 많이 생산된다는 사실이 밝혀졌는데, 이것을 보면 학습을 위한 기간이라고도 볼 수 있다. 참고로 이 단백질을 계속 만들도록 유전자를 조작한 생쥐는 성체가 되어서도 새끼 수준의 높은 기억력을 유지했다(영리한 생쥐가 될지 어떨지는 미묘한 문제지만).

어류 등에는 성장기와 번식기의 구분이 명확하지 않고 상황이 허락하는 한 계속 성장하는 종이 있다. 천적이 없는 연못에 그 연못의 주인으로 불리는 거대한 붕어나 메기가 사는 경우가 있는 것은 바로 그 때문이다.

식물의 경우, 다년초나 수목에는 명확한 수명이 없다. 박테리아도 빈번한 세대교체를 통해 유전자의 변이와 증식을 반복한다는 생존 전략이 있을 뿐이다.

COLUMN

참고로 현재 알려진 것 가운데 가장 오래 산 생물은 남태평양 심해저의 퇴적층에서 발견된 시아노박테리아(남세균)의 일종일 것이다. 이미 죽어서 화석이 되었다고 여겨졌는데, 영양분을 줬더니 생체 활동을 되찾았다. 1억 년 이상 죽지 않은 상태였던 것이다.

3. 인간에게 시간이란?

신경 네트워크가 가능케 한 학습 능력

나비의 유충처럼 눈앞에 있는 먹이를 먹는 데만 열중하는 식의 비교적 단순한 행동 패턴밖에 없는 생물의 경우, 유전자에 코딩된 정보만으로도 계속 살아남을 수 있다. 대량의 알을 낳아서 조금씩 다른 유전자를 가진 자손을 양산하면, 환경이 조금 바뀌더라도 그 자손 중 일부가 생존에 성공해 종을 보존할 수 있다. 그러나 신체 구조가 복잡해진 탓에 출산의 부담이 커져서 대량의 자손을 남기지 못하는 유형의 생물에게는 살아남기 위한 행동 패턴을 전부 유전자에 각인시키는 전략이 그다지 효과적이지 않다. 그래서 인간을 포함한 몇몇 생물종은 다른 생존 전략을 선택했다. 학습을 통해서 환경에 대응하는 방식이다.

학습이란 신경 네트워크의 접속을 바꿈으로써 더욱 효과적으로 인지와 행동 방법을 익히는 것을 가리킨다. 학습 능력 자체는 어느 정도까지 유전적으로 프로그래밍이 가능하다. 예를 들어 감작感作(생물체에 어떤 항원을 넣어서 그 항원에 대해 민감한 상태로 만드는 일—옮긴이)이나 익숙해짐 등의 메커니즘은 같은 자극을 반복해서 받았을 때 반응이 증강(감작)되거나 감퇴(익숙해짐)하는 것으로, 무척추동물에게서도 볼 수 있는 간이적簡易的인 학습 능력이다. 그러나 이런 간이적인 학습 능력으로는 먹이가 있는 장소를 기억한다든가 외적으로부터 도망치는 방법을 배우는 등의 좀 더 복잡한 상황에 빠르게 대응하기 어렵다.

조류나 포유류 등 고도의 학습 능력을 지닌 생물은 중추신경계에서 뉴런과 뉴런의 접속이 세밀하게 조절된다. 뉴런은 시냅스라고 부르는 결합 부위를 통해서 다른 뉴런과 상호작용을 한다. 시냅스는 새롭게 형성되거나 소멸할 뿐만 아니라, 뉴런이 흥분하는 빈도 등 다양한 상황에 맞춰서 그때그때 강도를 조금씩 변화시킨다. 결과적으로 방대한 수의 뉴런이 결합 강도가 미묘하게 다른 복잡한 네트워크를 형성하며, 이 신경 네트워크 전체에 학습 결과가 새겨진다.

뉴런은 본래 신호를 전달하기 위한 세포였다. 그러나 학습을 가능케 하는 복잡한 네트워크가 형성되자 단순히 신호를 전달하는 것만이 아닌 고도의 지능이 만들어졌다.

뇌가 시간의 흐름을 만들어 낸다

흔히 '시간이 흐른다'라는 표현을 사용하는데, 이 흐름에 속도가 있는지 자문해 보기 바란다. 조금만 생각해 봐도 알 수 있듯이 '1초 동안 시간은 몇 초가 흐르는가?'라는 논의는 무의미하며, 물리 현상만으로 시간이 흐르는 속도를 정의하기는 불가능하다. 시간의 경과가 빠르다거나 느리다고 말하려면 어떤 기준이 필요한데, 인간의 경우는 뇌의 신경 활동이 기준이 된다.

뉴런의 적극적인 이용은 캄브리아기에 외적으로부터 재빨리 도망치기 위해서 시작된 것으로 생각되는데, 현재의 조류나 포유류가 지닌 고도로 발달한 신경 네트워크는 아마도 중력에 대항해서 신체를 제어하기 위해 진화했을 것이다. 따라서 지구의 중력에 맞춰 수백 밀리초가 기본적인 반응시간이 되었다. 인간에게 시간의 길이는 이 반응시간과 비교했을 때의 상대적인 것이다.

인간이 느끼는 시간은 상당히 주관적이다. 단순히 감각기관에서 보내는 신호를 인지하는 것이 아니라 신경 네트워크 내부에서 정보를 재구성함으로써 시간을 인식한다. '뇌가 시간의 흐름을 만들어 낸다'고 표현해도 과언이 아닌 것이다.

시간에 따라 변화하는 사건에 대한 인식은 각 순간의 신호 나열이 아니다. 가령 강아지풀이나 깃털로 만든 먼지떨이 같은 부드러운 것으로 팔을 부드럽게 쓰다듬는 상황을 떠올려 보기 바란다. 이 (종종 쾌감을 동반하는) 이미지는 팔의 각기 다른 장소에 순서대로 물체가 접촉하는 감각을 묶은 것과는 명백히 다를 터이다. 어떤 시간에 걸쳐서 일어나는 일련의 사건은 단순히 순간적인 사건이 나열된 것이 아니라 그 시간 속에서 펼쳐지는 한 덩어리의 '느낌'으로 의식된다. 이 덩어리는 지각 정보를 뇌에서 재구성함으로써 얻는 것이다.

기억 자체가 날조되는 일도 적지 않다. 기억은 필름의 영상처럼 시각별 감각을 차례차례 기록한 것이 아니라 직접적인 감각 데이터에 오래된 데이터를 섞어서 재구성한 것이다. 그래서 '생생하게 기억하고 있다'고 느끼는데도 그 기억이 사실과는 전혀 다른 경우도 있다.

인간이 행동할 때, 뇌에서는 기억보다 더 복잡한 정보 처리인 미래 예측이 실행된다. 여기에서 말하는 미래 예측은 세계의 미래 같은 거창한 것이 아니라 물건을 잘 잡으려면 어떻게 해야 할지 등에 관한 일련의 시뮬레이션으로, 팔을 어떻게 뻗고 손가락을 어느 정도 굽히면 눈앞에 있는 컵을 잡을 수 있을지 예측한다. 수의근(의식적으로 움직임을 조절할 수 있는 근육)을 움직여서 행동할 때는 이 미래 예측을 목표치로 삼아서 자세를 제어한다. 발밑을 보지 않고 계단을 뛰어 올라갈 때 한 단이 더 있다고 생각해서 발을 내디뎠는데 실제로는 단이 존재하지 않으면 앞으로 고꾸라질 것 같은 충격을 느낀다. 이는 단이 있다는 생각에서 무의식적으로 근육의 출력 등을 조정했는데 예상이 빗나가는 바람에 급히 재조정한 증거다.

리벳의 실험

대뇌는 항상 미래를 예측하거나 행동을 준비하는데, 이런 예측이나 준비가 반드시 의식되지는 않는다. 뇌가 하는 활동의 상당 부분은 무의식적으로 실시되며, 이는 인간 특유의 것으로 여겨지는 '자유의지'의 문제를 복잡하게 만든다.

1983년에 생물학자인 벤저민 리벳 등이 실시한 실험은 우리에게 자유의지란 무엇인가를 생각하게 한다. 리벳은 다음과 같은 실험을 했다. 먼저, 피험자에게 '손가락이나 손목을 구부리자고 생각했을 때 구부리도록' 지시했다. 다만 사전에 계기 등을 생각하는 것이 아니라 그 자리에서 자신의 의지만으로 구부릴지 말지 결정하게 했다. 그리고 이때 세 가지 시각^{時刻}을 기록했다.

(1) 자신이 손가락을 구부리자고 의식한 시각. 이것은 그 순간에 시계가 가리키는 시각(오실로스코프의 광점의 위치를 아날로그시계로 사용)을 눈으로 보고 기록.

(2) 근육에 지령을 보내는 대뇌 운동피질에서 실제 동작에 앞서 실시되는 신경의 활동('준비전위'라고 부른다)이 발생한 시

각을 두피에 부착한 전극으로 측정.

(3) 근육의 작용을 통해서 실제로 손가락이 구부러지기 시작한 시각을 근전도로 측정.

평범하게 생각하면, 먼저 손가락을 구부리자는 의지가 발생하고, 이어서 손가락을 움직이기 위한 신경 활동이 시작되며, 마지막으로 뇌에서 지령을 내려 손가락 근육이 수축하기 시작할 것이다. 따라서 각 시각의 순서는 (1)→(2)→(3)이 될 터이다. 그런데 리벳이 얻은 실험 결과에 따르면 순서는 (2)→(1)→(3)이었다. 먼저 손가락을 움직이기 위한 뇌의 활동이 발생하고, 그로부터 350밀리초 후에 손가락을 구부리자는 의지가 나타났으며, 다시 200밀리초 후에 손가락이 구부러지기 시작했다.(그림 4-5)

그림 4-5 리벳의 실험

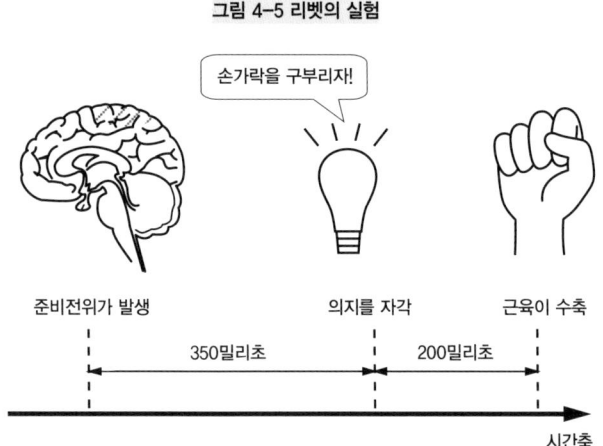

실험의 정확도에 관해서는 여러 가지 논란이 있다. 가장 오차가 개입하기 쉬운 주관적인 보고인 (1)에 관해서 리벳은 대조 실험 결과를 바탕으로 50밀리초 정도의 수정이 필요하다고 논했는데, 이와는 다른 제안도 나오고 있다. 다만 여러 추가 실험의 결과를 종합하면 (2)→(1)→(3)이라는 순서 자체는 오류가 아닌 듯하다. 즉, 인간의 자발적인 행위도 그 시작은 무의식적이라고 결론지을 수 있는 것이다.

인간다움의 기원

'먼저 의지가 자각되고 그다음에 준비전위가 발생한다'는 순서가 아니면 '자유의지'라고 할 수 없다고 주장하는 사람도 있지만, 그렇게까지 거창하게 생각할 필요는 없을 듯하다. 중추신경계의 활동은 대부분 무의식적이며, 의식되는 쪽이 극소수다. 의지적인 행동의 발단이 무의식적이었다고 해도 놀라운 일은 아니다.

리벳의 실험에서 실시한 '손가락을 구부릴 것인가 말 것인가'는 그것이 중대한 결과를 초래하는 일이 아니기에 도중에 다시 생각할 필요가 없다. 그러나 사회에 영향을 끼치는 행동이라면 얽혀있는 다양한 상황을 고려하고, 경우에 따라서는 처음에 했던 생각을 수정할 필요가 있다. 시뮬레이션을 통해서 예측해 보고, 주위 사람들에게 피해를 주는 등의 문제가 발생할 가능성이 있다고 판명되면 뇌는 즉시 행동으로 옮기지 않고, 이마 안쪽에 있는 전두전야의 지시에 따라서 조건을 바꾸고 다시 시뮬레이션을 실시한다.

뇌의 신경이 계속 흥분 상태인 것은 아니다. 어떤 영역이 일제히 흥분한 뒤, 흥분이 가라앉으면서 일단 평온한 상태로 돌아간다. 이는 뉴런과 뉴런을 결합하는 시냅스에 흥분을 제어하는 기능을 갖춘 뭔가가 있기 때문이다. 한 가지 생각에 끝까지 얽매이지 않고 계속 재차 시뮬레이션 하면서 앞으로 나아가는 것이 인간(혹은 지능이 높은 조류나 포유류)의 특징이다.

뇌는 전두전야의 지시로 시뮬레이션의 방향을 전환하면서 다양한 미래 예측을 생성하고 그중에서 가장 바람직한 결과를 가져올 것 같은 행위를 선택한다. 대부분의 동물에게는 생존율을 높이는 것이 '바람직한 결과'지만, 인간은 사회적인 반응까지 고려하면서 선택한다. 이런 선택을 (종종 무의식중에) 하는 것이 인간적인 의미에서의 자유의지일 것이다.

다양한 시뮬레이션을 하는 것을 '방황'이라고 표현한다면, 인간은 대부분의 시간을 방황하는 데 소비한다. 나비의 유충이 눈앞에 있는 것을 씹어서 삼킨다는 유전적으로 프로그래밍된 행동에만 집중하는 데 비해, 인간은 무수한 가능성 속에서 방황하며 살고 있다. 나는 이것이 인간다운 모습이라고 생각한다.

COLUMN

생활 속에 뿌리를 내리고 있었던 부정시법

현대인은 시계를 사용한 인공적인 시간에 순응하며 살고 있기에 과거에 사용되었던 '부정시법(不定時法)'을 이상하게 느낄지도 모른다. 그러나 사실 부정시법은 인간의 실생활에 적합한 상당히 합리적인 법칙이었다.
부정시법이란 하루를 낮과 밤으로 나누고 각각을 몇 등분해서 시간을 결정하는 방법이다. 가령 에도시대의 일본에서는 낮과 밤을 각각 6등분한 것을 '1각'이라고 불렀다. 한밤중부터 시작해 '자각(子刻)', '축각(丑刻)'과 같이 각마다 십이지를 할당하고, 각이 바뀔 때 사찰의 종 등을 쳐서 알렸다.〔조선시대에는 밤 시간에 부정시법을 적용해, 오후 7시부터 새벽 5시까지의 시간을 다섯으로 나누고(5경) 그것을 다시 다섯으로 나눈(25점) 경점법(更點法)을 사용했다—옮긴이〕
1각의 길이는 낮과 밤에 따라서도 계절에 따라서도 달라지므로 현대인에게는 불편하게 느껴지겠지만, 당시에는 결코 이상한 것이 아니었다. 전기가 없었던 당시, 사람들은 새벽에 일어나서 아침 식사를 하고 해가 뜨는 동시에 노동을 시작했다. 가로등이 없던 시대여서 어두워지면 노상강도를 만날 위험이 있었기에 신각(申刻, 오후 4시 전후)에는 일을 마치고 귀가해 아침 식사 이후 두 번째 식사를 하고 밤을 보내는 것이 보통이었다.
농업이 주산업인 사회에서는 계절에 따라 노동량이 크게 변동한다. 새벽부터 지금까지 몇 각에 걸쳐 이 정도 일을 했는데 지금부터는 어떤 속도로 일을 해야 할지, 다양한 상황을 고려하면서 판단할 필요가 있다. 그럴 때 시간 단위가 일정한 정시법보다, 일몰까지 몇 각이 남았는지를 사찰의 종소리로 알려주는 부정시법이 더 편리했던 것이다.
여담이지만, 언제를 하루의 시작으로 삼느냐는 관습에 따라 달랐다. 일본의 경우, 공적인 달력에서는 자각에 해당하는 한밤중이 하루의 시작이었지만 서민들은 새벽을 하루의 시작으로 생각했다. 많은 민족이 새벽을 하루의 시작으로 삼았는데, 이슬람 달력이나 유대 달력처럼 일몰을 하루

COLUMN

의 시작으로 삼는 경우도 있었다. 아마도 새벽이 시작이라면 종교적인 계율(안식일을 어떻게 보낼 것인가 등)을 지키는 데 불편함이 있었기 때문이리라.

달력은 생활에 적합하게 만드는 것이 더 합리적인지도 모른다.

··· SF 작품에 묘사된 시간 4 ···
SF적 상상력이 찾아낸 진화의 도달점

생물의 진화처럼 논리만으로 미루어 판단하기가 어려운 문제에 대해서는 생물학자들의 과학적인 논의뿐만 아니라 SF 작가의 상상력이 큰 참고가 될 때가 있다. 그런 상상력 넘쳐나는 작품들을 골라봤다.

• 올디스의 《지구의 기나긴 오후》에 묘사된 식물이 지배하는 미래 •

먼 미래로 갑자기 시간 이동을 했을 때, 어떻게 해야 '지금'이 언제인지 알 수 있을까? 문명의 유산이 남아있지 않을 경우에는 생물상을 보는 것이 가장 유력한 수단이다(그 밖에 지형이나 천체, 기상의 변화를 조사하는 방법도 있다). 가축이 야생화한 것 같은 동물이 있는지, 지배종이 바뀌었는지 등이 판단 기준이 되는데, 만약 생태계의 구조가 완전히 달라졌다면 상당히 먼 미래에 도착했을 가능성을 각오해야 한다.

먼 미래의 생물을 주제로 한 궁극적인 SF 작품이라면 영국의 작가인 브라이언 W. 올디스가 쓴 《지구의 기나긴 오후The Long Afternoon of Earth》(1962)일 것이다. 자전이 멈춰 영원한 낮과 밤이 계속되는 지구에서는 대륙 전체를 하나의 거대한 수목이 뒤덮고 있으며, 돌아다니는 식물들이 약육강식의 생존 경쟁을 벌이고 있다. 인류는 아직 전멸하지 않았지만, 식물의 위협을 피해 음지에서 근근이 살아가는 존재가 되어버렸다.

언젠가 식물이 세계를 지배하게 된다는 것은 인도네시아의 보로부두르 유적 등 밀림에 파묻힌 고대 유적의 발견을 계기로 19세기 유럽 지식인들이 머릿속에 그렸던 종말론적인 비전일 것이다. 《지구의 기나긴 오후》는 이런 비전을 실감 나게 구현했을 뿐만 아니라 '머리에 버섯이 기생함으로써 지성이 생겨난다'는 강렬한 아이디어가 담겨있어서 미야자키 하야오의 〈바람 계곡의 나우시카風の谷のナウシカ〉를 비롯한 수많은 작품에 영향을 끼쳤다.

현재의 식물은 광합성을 통해서 얻는 에너지만으로 살아남는 생존 전략을 채용하고 있다. 면적이 한정된 체표면으로 받는 빛 에너지는 동물처럼 재빠르게 움직이기에는 부족한 양이다. 그러나 만약 식물이 서로를 잡아먹게 된다면 포식자와 피식자 모두 같은 수준의 속도로 움직일 터이다. 굴광성 같은 느릿한 움직임도 그들의 관점에서는 빠르게 느껴질지 모른다. 동물의 세계와는 다른 시간의 척도로 생존을 위한 치열한 투쟁이 벌어지게 될 것이다.

• 영화 〈신 고질라〉: 변태하는 거대 생물 •

현재의 지구에 존재할 수 없는 생물을 상상함으로써 진화의 제약이 어떤 것인지 생각하게 하는 작품도 있다. 텔레비전 애니메이션 〈신세기 에반게리온新世紀エヴァンゲリオン〉으로 유명한 애니메이션 작가 안노 히데아키가 극장용 영화로 원안을 다듬은 〈신 고질라Shin Godzilla〉(2016)가 그런 작품 중 하나라고 말할 수 있다.

1954년 영화에 등장하는 초대(初代) 고질라는 바다에서 찾아와 도심을 파괴한 뒤 바다로 떠난다. 가이거 계수기로 이재민의 방사능 오염을 검사하는 장면이 있으므로 핵무기나 전쟁의 메타포로 간주할 수도 있을 것이다. 그에 비해 〈신 고질라〉는 일본이 위협에 직면했을 때 정부나 민간인이 어떻게 대응하는지에 초점을 맞춘 작품이다.

이 영화는 다양한 각도에서 감상할 수 있는데, 내가 가장 흥미를 느낀 점은 고질라가 변태하는 거대 생물로 묘사된 것이다. 변태는 각각의 단계에서 어떻게 행동할지까지 포함한 유전자 세트를 준비함으로써 살아갈 방법을 자손에게 전달하는 생존 전략이다. 이 방식의 경우, 유전적인 행동 프로그램이 확실히 전달되는 반면에, 살아가는 과정에서 신체를 다시 만드는 데 따른 비용이 커진다.

양서류는 변태하는 척추동물로, 물속에서 태어나 육상에서 활동할 수 있지만 이를 위해 물속에서의 아가미 호흡과 육상에서의 폐호흡을 적절하게 전환해야 한다. 대형 동물은 변태의 비용이 지나치게 크기 때문에 변태를 하는 척추동물은 양서류를 제외하면 거의 없다(원구류인 칠성장어도 변태를 한다고 한다).

영화에서 신 고질라는 방사성물질을 대량으로 흡수한 결과 유전자가 손상되어서 예측 불가능한 변태를 하게 되었다고 설명된다. 생물학적으로는 있을 수 없는 일이지만, 어쩌면 우주 어딘가에는 변태하는 거대 생물이 실제로 존재할지도 모른다.

• 데즈카 오사무의 〈불새: 미래편〉이 바라보는 영원한 생명 •

데즈카 오사무의 만화 《불새火の鳥》는 영원한 생명력을 상징하는 불새를 통해서 인류와 생명의 존재 의의를 묻는 장대한 연작 장편이다. 그중에서도 '미래편'은 시간적인 종말에 주목하면서 다시 시초로 회귀할 가능성을 내포한 에피소드다(이하 스포일러가 있다). 파멸적인 핵전쟁으로 인류뿐만 아니라 지상의 온갖 생명이 멸종한 먼 미래, 불새에게서 영원한 생명을 얻은 과학자는 생명공학으로 인조인간을 만들어서 문명을 부흥시키려 시도하지만 잘되지 않는다. 결국 그는 바다에 약간의 유기물질을 던져 넣는다. 물질 진화를 거쳐서 단세포생물이 되고, 긴 세월이 흐른 뒤에 언젠가 지적 생명으로 진화하기를 꿈꾸며.

지상의 생명 전체가 멸종과 진화를 반복하는 과정을 그려서 독자에게 압도적인 감동을 주는 걸작이다. 다만 현실 세계는 데즈카 오사무의 상상력보다 조금 더 스케일이 작다. 지구에서 생명의 진화는 세포핵이 없는 단세포생물(지금의 진정세균이나 고세균에 해당한다)에서 시작해, 세포핵과 그 밖의 세포 내 기관을 보유한 단세포생물, 단세포생물의 공생에서 탄생한 다세포생물과 같이 단속적으로 진화했다. 지구에서는 이 스텝업에 수억 년에서 십수억 년의 시간이 걸렸다. 만약 진화에 항상 이 정도의 시간이 필요하다고 가정하면, 어떤 행성에 문명을 지닌 지적 생명체가 등장하기까지는 적어도 수십억 년이 걸리게 된다.

이 수십억 년이라는 시간은 천문학적인 시간 규모와 일치한다. 태양과 크기가 같은 항성(이른바 G형 주계열성)의 경우, 그 수명은 100억 년 전후다. 생명이 이런 항성 주위에서만 탄생할 수 있다고 하면, 《불새: 미래편》처럼 원시적인 생명이 탄생하는 단계부터 시작해서 수없이 진화를 반복할 정도의 시간 여유는 없는 것이다. 다만, 어쩌면 태양보다 약간 큰 항성(K형 주계열성)의 주위에서도 생명이 발생할 수 있을지 모른다. 이런 항성의 수명은 태양보다 조금 긴 수백억 년이므로 진화가 여러 번 반복될 가능성이 있다. 그러나 태양보다도 광량이 작고 또 표면 온도가 낮은 까닭에 개개의 광자가 지닌 에너지의 양이 작아져서 물질 진화의 속도가 느려질 것도 예상된다.

또한 항성의 수명이 끝나기 전에 생명의 진화가 끊길 가능성도 있다. 항성이 방출하는 에너지는 내부에서 일어나고 있는 핵융합의 출력에 좌우되는데, 태양의 경우 수십억 년 뒤에는 에너지 발생의 효율이 상승할 것으로 예상되며 그 뒤로 광량이 증가해서 바다가 말라붙을 가능성이 크다. 게다가 우리은하는 안드로메다은하와 충돌할 것이 확실시되고 있다. 물론 충돌이라고 해도 은하 내부의 천체 밀도는 매우 낮으므로 별과 별이 충돌하는 일은 거의 없다. 그러나 가스의 밀도가 변해서 새로운 항성이 탄생하기 쉬워지고, 경우에 따라서는 지나치게 거대해진 항성이 잇달아 초신성 폭발을 일으킬 수도 있다. 이렇게 되면 강렬한 방사선이 날아다니고, 인근 행성에서는 생명이 존속의 위기를 맞이할 것이다.

하나의 행성에서 생명의 진화가 가능한 기간은 한정되어 있다. 그렇게 생각하면 《불새: 미래편》처럼 지적 생명에 이르는 진화가 수없이 반복될 가능성은 낮다. 우주에서 지적 생명이 번영하는 시대는 의외라고 생각될 만큼 짧다.

1. 파괴되어 가는 우주의 말로

인간에게는 왜 과거의 기억밖에 없는가?

일반상대성이론이나 양자장론이 고안된 덕분에 시간과 공간에 관해서는 상당 부분 해명이 진행되었다고 말할 수 있다. 다만 그 결과 시간이란 무엇인가에 대해 이해하기가 쉬워졌는가 하면 반드시 그렇다고는 말할 수 없다. 오히려 이전보다 수수께끼가 더 커진 측면도 있다.

가령, 인간은 왜 과거의 일만을 기억하며 미래의 기억은 없는 것일까? 예전에는 '과거의 사건은 실제로 일어났지만 미래의 사건은 아직 일어나지 않았기 때문'이라고 대답하는 것으로 충분했다. 그러나 (대부분의 물리학자가 믿고 있듯이) 상대성이론이 옳다면 이 대답을 인정할 수 없다. 상대성이론에 따르면 시간과 공간은 별개의 것이 아니라 시공으로서 일체화되어 있으며, 시간도 공간과 마찬가지로 차원일 터이다. 공간의 내부에서 똑같은 물리 현상이 일어날 경우, 장소에 따라서 그것이 실제로 존재하는가 아닌가에 차이가 발생하는 일은 없다. 해안에 파도가 밀려올 경우, 오른쪽의 파도는 실제로 존재하지만 왼쪽의 파도는 존재하지 않는다는 건 너무나 이상한 주장이다. 그렇다면 과거에서부터 미래로 파도가 전해질 경우 과거의 파도는 존재하지만 미래의 파도는 아직 존재하지 않는다고 말하는 것도 역시 이상한 주장 아닐까?

그렇다면 왜 과거의 기억밖에 없는 것일까? 이것은 기억이 형성되는 메커니즘과 관계가 있다. 기억은 뉴런(신경세포)이 구성하는 네트워크에 각인되어 있다. 감각기관 등에서 온 신호에 맞춰서 뉴런과 뉴런의 접속이 변화함에 따라 기억이 형성되는 것이다. 여기서 접속을 변화시키려면 에너지가 필요하다. 지구상에 존재하는 생물의 경우, 태양에서 날아온 빛을 흡수한 고에너지 분자를 통해서 그 에너지를 흡수한다.

그런데 태양 등의 항성은 우주의 시작이 빅뱅이라는 질서 정연한 고에너지 상태였기에 탄생한 것이다. 시간축에서 빅뱅과 가까운 쪽에서 형성된 항성은 빅뱅으로부터 멀어지는 방향으로 향하며, 주위에 에너지를 빛의 형태로 퍼뜨린다. 이 에너지의 흐름을 이용해서 기억을 형성하고 있기에 어떤 순간에 접속할 수 있는 기억은 전부 시간축에서 빅뱅과 가까운 쪽, 즉 과거의 정보로 한정된다.

인간의 기억 속에 과거의 사건만 있는 것은 과거밖에 존재하지 않기 때문이 아니다. 과거의 기억만을 형성할 수 있는 까닭에 과거만이 존재한다고 믿는 것이다.

우주가 인간을 살게 하고 있다

기억만이 아니다. 온갖 생명 활동은 태양에서 날아오는 에너지를 사용해서 구동된다(지열을 통한 화학반응을 이용하는 튜브웜 등 극소수의 예외는 존재하지만). 의식이 어떤 과정을 거쳐서 만들어지는지는 아직 과학적으로 해명되지 않았지만, 에너지의 공급이 없으면 의식을 잃는다는 사실을 보면 이 또한 물리적인 현상으로 설명할 수 있을 것으로 기대된다.

햇빛의 에너지를 흡수한 고에너지 분자를 통해서 신경 흥분 등 고도의 생명 활동이 시작된 뒤, 남은 에너지는 주로 열이 되어서 몸 밖으로 배출되며 최종적으로는 적외선의 형태로 우주 공간에 방출된다. 광자에 집중되어 있었던 에너지가 넓은 범위에 흩어지므로 전제적으로 보면 엔트로피가 증가하는 과정이 된다.

태양 같은 항성이 고도의 생명 활동을 지탱할 수 있을 만큼 대량의 빛을 방출할 수 있는 것은 빅뱅으로부터 고작해야 수백억 년이라는 '짧은' 기간뿐일 것이다. 질서 정연한 고에너지 상태에서 시작된 우주는 물질 속에 일시적으로 잔류하고 있던 에너지를 주위에 퍼뜨리면서 점차 에너지 분포의 편중이 균일해져 결국 새로운 현상이 전혀 일어나지 않는 상태를 향해 변화하고 있다. 그런데 이때 항성이 방출하는 빛이 저온의 바다로 쏟아져 내림으로써 일방적으로 엔트로피가 증가할 뿐인 세계의 한구석에 일순간 국소적으로 엔트로피가 감소하는 상황이 만들어졌다. 그것이 생명의 활동이다. 인간의 문명도 전적으로 여기에 포함된다.

인간은 스스로가 자립한 존재이며 의지를 바탕으로 행동한다고 생각할지도 모른다. 그러나 현실의 인간은 우주가 있기에 살 수 있는 존재다.

우주는 영원하지만…

우주宇宙라는 단어와 관련해서는 공간을 나타내는 '우宇'와 시간을 나타내는 '주宙'를 조합해서 공간과 시간을 합친 세계를 나타낸 것이라는 설이 있다. 이 설이 사실이라면 '공간과 시간은 일체화된 시공을 구성한다'는 현대물리학적인 세계관과 상통하는 측면이 있다고도 볼 수 있다.

우주에 관해서는 현재 다양한 탐사 기기를 이용해 맹렬한 기세로 관측 데이터를 수집하고 있지만, 그럼에도 공간의 전체적인 구조는 아직 판명되지 않았다. 관측되는 범위 안에서는 크게 일그러진 부분이 없는, 거의 유클리드공간에 가까운 상태라고 말할 수 있을 뿐이다. 공간이 무한히 확대되고 있는지, 아니면 (아인슈타인이 제안한 모델처럼) 계속 똑바로 나아가면 어느 틈에 본래 출발했던 지점으로 돌아오는 유한한 확대만을 하고 있는지 확실히 말할 수 없는 것이 지금의 상황이다.

공간에 비하면 시간 방향의 구조에 대해서는 상당 부분 밝혀졌다. 다만 빅뱅 이전에 관해서는 명확하지 않은 점이 많기에 이야기하지 않겠다. 어쩌면 이 시기에 무수히 많은 우주가 탄생해 세계가 '유니버스'가 아닌 '멀티버스'가 되었을지도 모르지만, 그렇게 주장할 수 있을 만큼의 근거는 찾기 어려우므로 다루지 않고 넘어가겠다.

'빅뱅 이후 우주는 계속 파괴되어 가고 있다'는 것이 통설이다. 이 설에 따르면 일반상대성이론에 입각해서 공간 팽창이 가속되고, 그 결과 에너지밀도와 온도가 계속 내려가기 때문에 최종적으로는 물질이 소멸해 아무 일도 일어나지 않게 될 것으로 예상된다.

공간 팽창의 가속도가 변화한다는 학설도 있다. 가속도가 계속 증가해서 마지막에는 물질이 산산이 찢겨 나갈 가능성이 있다고 주장하는 물리학자도 있다. 다만 논리적으로 가능하다는 것일 뿐 관측 데이터의 뒷받침을 받는 설은 아니다. 또한 확장이 멈추고 수축으로 전환해서 최종적으로는 무한소까지 수축한 끝에 우주 전체가 소멸할 것이라는 설이 제창된 적도 있지만, 그런 이론도 있을 수 있다는 수준의 이야기일 뿐이다. 우주가 팽창과 수축을 반복한다는 진동 우주론은 상당히 특수한 이론을 전제로 삼아야 성립한다.

통설을 따른다면 우주는 영원히 팽창을 계속한다. 그러나 특정 시기가 지나면 우주는 점점 한산해질 것이다. 대부분의 항성은 아무리 길어도 수백억 년이면 핵융합에 필요한 연료를 전부 써버리고 빛나지 않는 천체가 된다. 적색왜성 중에는 수조 년이나 핵융합을 계속하는 것도 있지만, 그런 별은 거의 빛을 내지 않고 아주 약한 열을 방출할 뿐이다. 행성은 적색거성으로 비대해진 항성에 집어삼켜지거나 튕겨 나가서 우주 공간을 방랑하는 표류 천체가 된다.

은하도 붕괴되어 간다. 중심부에 존재하는 초거대 블랙홀이 수많은 천체를 집어삼키고, 그 밖의 천체는 외부로 방출된다. 우주 공간을 방랑하는 천체도 영원하지는 않다. 빅뱅의 에너지를 내부에 담고 있었던 양성자나 중성자는 10의 수십 제곱이라는 영겁의 시간이 흐르는 사이에 붕괴될 것이며, 그 결과 원자는 파괴되고 천체는 산산이 흩어질 것이다. 블랙홀은 더 긴 기간에 걸쳐 존재하지만 (호킹의 이론이 옳다면) 언젠가는 대량의 에너지를 방출하고 '증발'한다.

우주는 영원하지만, 물질에는 유한한 수명이 있을 뿐이다.

2. 인간과 시간

영원한 우주와 한순간에 불과한 인생

우주에 비하면 인간은 너무나도 작은 존재다. 빅뱅으로부터 고작 백수십억 년밖에 지나지 않은(우주가 탄생한 직후라고 해도 과언이 아닌) 시기에 거의 한순간의 인생을 보낼 뿐이다. 애초에 물질적인 존재는 우주 전체의 극히 일부에 불과하다(태양의 지름이 100만 킬로미터인데 이웃한 항성까지의 거리는 40조 킬로미터나 된다는 사실을 떠올리길 바란다). 거대한 우주에 비하면 인간은 시간적으로나 공간적으로나 보잘것없는 존재인 것이다. 이 사실은 우주가 인간에게 끼치는 영향력을 깨닫게 해준다.

물질은 빅뱅으로 방출된 에너지의 일부가 공명 상태를 형성해 흩어지지 않고 남은 것이다. 빅뱅의 잔재라고도 말할 수 있는 물질이 응집해서 천체를 형성하고, 물질 내부에 편중되어 있는 에너지를 우주 공간에 뿌려 평준화하는 과정으로서 대량의 빛을 방출한다. 그리고 행성 표면에 담긴 저온의 바다로 쏟아져 내린 빛이 일시적인 엔트로피의 감소를 일으키며 생명의 탄생을 가능케 한다.

생명 또는 인간은 빈 서판이라고 말할 수 있는 상태로 시작된 우주가 물리법칙에 따라 파괴되어 가는 가운데 동반된 사소한 부수 과정에서 탄생했다. 우주가 터무니없이 거대하기에 '덤' 같은 사건 속에서 생명이 꿈틀댈 수 있었던 것이다.

우주의 '지금'과 인간의 '지금'

다만 인간의 처지에서는 우주가 체현하는 것이 거대한 공허라고 말하고 싶을 수도 있다. 거대한 우주 공간 대부분은 물질이 거의 없는 얼어붙은 세계이며, 우주가 영원히 계속된다고 하더라도 특정 시기 이후로는 생명을 만들어 내지 않는 텅 빈 역사가 될 뿐이다. 우주에 비하면 인간은 압도적으로 충실한 존재인 것이다.

무엇보다도 우주의 시간과 인간의 시간은 '현재'가 지니는 의미가 전혀 다르다. 우주의 역사에서 모든 시간은 동등하다. 생명이 번영하는 빅뱅 직후의 시기도, 생명은 고사하고 천체조차 사라진 먼 미래도, 시간축의 한 부분으로서 아무런 차이가 없다.

그러나 인간에게는 각각의 시간에 뚜렷한 격차가 존재한다. 특히 스스로에게 의식이 있는 시간과 그렇지 않은 시간은 완전히 별개의 것이라고 해도 좋을 만큼 다르다. 의식이 만들어지는 대뇌의 내부에서는 (정보이론적인 의미에서) 복잡한 신경 흥분이 지속되고 있다. 신경 흥분은, 각각의 부분을 분자 층위에서 관찰하면 이온이 세포막을 드나드는 단순한 물리 과정에 불과하다. 그러나 대뇌에서 방대한 수의 뉴런이 복잡한 상호작용을 하면서 지속적으로 흥분하는 상태는 개별적인 과정과 질적으로 다르며, 물리학에서 '협동 현상'이라고 부르는 과정이 된다.

조금 높은 수준의 내용이 되기에 자세한 설명은 생략하지만, 협동 현상이란 전체적인 거동이 마치 특정한 목적을 지향하는 듯이 보이는 물리 과정이다. 가장 단순한 협동 현상은 자석의 자화磁化로, 작은 자석인 원자가 전부 같은 방향을 향하려 한다. 인간의 경우 태양에서 날아오는 빛과 양자 효과로 인해서, 물리법칙을 따르고 있음에도 합목적적이라고도 말할 수 있는 현상이 발생한다.

인간이 의식하는 '현재'는 대뇌에서 협동 현상이 일어나고 있는 특정한 시간인 것이다.

인간은 4차원 존재다

이 우주의 운명은 시작된 순간에 이미 결정되었다. 빅뱅의 시점에 에너지밀도 등의 물리량이 주어지면 물리법칙에 따라 그 후의 공간 팽창이나 온도 저하가 결정된다. 인간이 이런 우주의 운명에 관여하기는 불가능할 것이다. 시공이 고무처럼 늘어나고 줄어든다고는 해도 인간이 조작할 수 있는 수준의 에너지로는 가시적인 변화를 만들어 낼 수 없다. 태양계 근처에 거대한 웜홀이 존재한다면 과거로 돌아가는 타임머신을 만들 수 있을지도 모르지만 그런 웜홀은 발견된 적이 없으며 표준적인 학설의 범위에서는 존재할 것 같지도 않다.

의료 기술이 진보하면 수명을 수십 년 늘리는 것도 꿈은 아닐 터이다. 그러나 엔트로피가 증가한다는 기본 법칙을 거스를 수는 없으며, 태양에서 날아오는 빛의 흐름을 효과적으로 이용해서 아주 조금이나마 인간을 위해 쓰는 정도가 최선이다. 클론이나 사이보그 같은 기술을 사용하더라도 수명을 수백 년씩 늘리기는 어려우며, 의식을 아주 튼튼한 하드웨어에 이식해서 죽음을 극복하는 기술은 영원히 불가능할 것이다.

우주 전체의 역사를 바라보면 질서 정연한 고에너지 상태가 무너져 가는 과정이라고 할 수 있다. 항성이 방출하는 빛 덕분에 일시적으로 질서가 형성되기도 하지만, 그것도 일순간일 뿐이다. 우주의 시간은 영원하지만, 그 대부분은 생명이 없는 공허한 시간이다.

인간은 파괴되어 가는 우주 속에서 아무것도 할 수 없는 존재다. 우주는 압도적으로 거대한 에너지의 영향으로 변화하고 있으며, 인간의 보잘것없는 노력으로 그 변화를 제어하는 것은 불가능한 일이다. 그러나 인간은 우주를 바꿀 수는 없더라도 우주를 알 수는 있다. 그런 지식은, 이를테면 인간에게 시간이란 무엇인가를 가르쳐 준다. 우주는 아무것도 모른다.

아인슈타인은 만년에 쓴 메모에서 상대성이론에 입각한 세계관에서는 '현재'라는 개념이 객관적인 의미를 잃는다고 지적했다. 그리고 물리적 실재란 3차원 공간 내부에서 시간 변화하는 것이 아니라, 시간과 공간 쌍방으로 펼쳐지는 4차원의 존재라고 생각해야 한다고 주장했다. 이 생각은 인간에게도 적용할 수 있다. 나라는 인간은 언젠가 죽어서 사라지는 것이 아니다. '지금 이곳에' 살고 있다는 사실은 결코 흔들리지 않는 절대적인 것이며, 그런 의미에서 시간을 초월해 살고 있는 것이다.

인간은 태어나서 죽을 때까지 4차원적으로 펼쳐진 삶을 사는 존재다. 무너져 가는 우주의 가장 화려한 순간에 작지만 확고한 위치를 차지하고 있으며, 우주와 시간 혹은 자신의 삶과 죽음에 관해서 무언가를 알 수 있는 존재인 것이다.

SF 작품에 묘사된 시간 5
인간의 스케일을 초월해서

SF 작품이라고 해도 대부분은 과학의 화제를 일종의 장치로 이용할 뿐이며, 작가의 관심은 인간의 행동을 향한다. 그러나 인간 개개인에게 집착하지 않고 세계의 모습 자체에 주목한 작품도 적게나마 존재한다.

• 스테이플던의 《스타메이커》가 그리는 세계의 기원 •

인간의 스케일을 아득히 초월해 우주적 규모의 시간과 공간을 그린 가장 장대한 SF 작품은 영국의 작가인 올라프 스테이플던이 1937년에 발표한 《스타메이커Star Maker》일 것이다. 주인공이 육체를 이탈해서 세계를 바라본다는 설정을 통해, 시간과 공간의 질곡을 초월해서 우주의 다양한 문명의 흥망과 천체의 생성·소멸을 그렸다. 종반이 되면 다수의 개체로 구성된 집합적 의식이 형성되어 우주 전체의 삶과 죽음을 바라보는 단계까지 시야가 확대된다.

당시는 이미 지식인들 사이에서 상대성이론의 지식이 확산되었으며 팽창우주론에 관한 계몽서도 간행되고 있었는데, 스테이플던은 그런 최첨단의 지식을 도입하는 가운데 독자적인 세계관을 구축했다. 또한 매우 고도의 단계에 도달한 문명이 항성 전체를 감싸는 그물을 건설해 빛 에너지를 이용한다는, 훗날 프리먼 다이슨이 제창한 다이슨 구체Dyson sphere의 아이디어를 앞서나간 묘사도 등장한다.

이야기성이 부족해서 마치 저자의 문명론과 세계관을 이야기하는 철학서 같은 느낌이기에 모두가 즐겁게 읽을 수 있는 작품이라고 말하기는 어렵다. 그러나 이 작품이 아서 C. 클라크나 스타니스와프 렘 등 후세의 작가들에게 끼친 영향은 절대적이다. 가끔 사회의 굴레를 잊고 세계의 기원에 주목하고 싶다면 읽어볼 것을 추천한다.

참고문헌

(책의 경우 원문 그대로 싣되, 국내에 번역 소개된 책은 원제 옆에 한국어판 제목을 적었다―편집자)

제1장

1. ガリレオ・ガリレイ, 『新科学対話 下』(갈릴레오 갈릴레이, 《새로운 두 과학》), 今野武雄/日田節次 訳, 岩波書店, 1948.
2. アイザック・ニュートン, 『プリンシピア: 自然哲学の数学的原理 第1編 物体の運動』(아이작 뉴턴, 《프린키피아》), 中野猿人 譯・注, 講談社, 2019.
3. アルベルト・アインシュタイン, 「光の伝播に対する重力の影響」, 『アインシュタイン選集 2』(湯川秀樹 監修, 內山龍雄 訳編, 共立出版, 1970) 所収.
4. トーマス・デ・パドヴァ, 『ケプラーとガリレイ 書簡が明かす天才たちの素顔』, 藤川芳朗 訳, 白水社, 2013.
5. キップ・S・ソーン, 『ブラックホールと時空の歪み アインシュタインのとんでもない遺産』(킵 손, 《블랙홀과 시간여행: 아인슈타인의 찬란한 유산》), 林一/塚原周信 訳, 白水社, 1997.

제2장

6. カルロ・ロヴェッリ,『時間は存在しない』(카를로 로벨리,《시간은 흐르지 않는다》), 冨永星 訳, NHK出版, 2019.

제3장

7. M·S·Morris, K·S·Thorne, and U. Yurtsever, 'Wormholes, Time Machines, and the Weak Energy Condition', *Physical Review Letters*, Vol.61, 1988, 1446-1449.
8. スティーブン・W・ホーキング,『時間順序保護仮設』, 佐藤勝彦 解說·監役, NTT出版, 1991.
9. D・ドイッチ/M・ロックウッド,「タイムマシンの量子物理学」, 日経サイエンス 1994年 5月号, p.64.

제4장

10. シュレーヂンガー,『生命とは何か 物理的にみた生細胞』(에르빈 슈뢰딩거,《생명이란 무엇인가: 물리학자의 관점에서 본 생명현상》), 岡小天/鎭目恭夫 訳, 岩波書店, 2008.
11. ベンジャミン・リベット『マインド・タイム 脳と意識の時間』, 下條信輔 訳, 岩波書店, 2005.
12. 錢卓,「記憶力増強マウスの誕生」, 日経サイエンス 2000年 7月号, p.28.
13. 産総研 ホームページ·研究成果記事一覽「白亜紀の海底堆積物で微生物が生きて存在していることを発見」, 2020年 7月 29日.

제5장

14. アルベルト・アインシュタイン, 「相対性と空間の問題」, 『アインシュタイン選集 3』(湯川秀樹 監修, 中村誠太郎/井上建 訳編, 共立出版, 1972) 所収.

SF 추천작
(본문에 언급된 작품을 중심으로 추천)

- H·G·ウェルズ, 『タイム・マシン』(H. G. 웰스, 《타임머신》), 石川年 訳, 角川書店, 1966 외 다수.
- ロバート·A·ハインライン, 『時の門』(로버트 하인라인, 《자신의 구두끈을 당겨서》), 福島正実 訳, 早川書房, 1985.
- ロバート·A·ハインライン, 『輪廻の蛇』(로버트 하인라인, 《너희 모든 좀비는》), 失野訳徹, 早川書房, 2015.
- ロバート·A·ハインライン, 『夏への扉』(로버트 하인라인, 《여름으로 가는 문》), 福島正実 訳, 早川書房, 2015.
- 筒井康隆, 『時をかける少女』(쓰쓰이 야스타카, 《시간을 달리는 소녀》), 角川書店, 1976 외 다수.
- 영화 〈시간을 달리는 소녀〉, 오바야시 노부히코 감독, 1983.
- 애니메이션 〈시간을 달리는 소녀〉, 호소다 마모루 감독, 2006.
- 영화 〈백 투 더 퓨처〉, 로버트 저메키스 감독, 1985.
- 게임 〈슈타인즈 게이트〉, 게임 시나리오: 하야시 나오타카, 2009.
- TV 애니메이션 〈슈타인즈 게이트〉, 사토 타쿠야/하마사키 히로시 감독, 2011.
- TV 애니메이션 〈스즈미야 하루히의 우울〉, 이시하라 다쓰야 총감독, 2009.

시간과 생명

- トマス・ピンチョン, 『スロー・ラーナー』(토머스 핀천, 《느리게 배우는 사람》), 佐藤良明 訳, 新潮社, 2010.
- テッド・チャン, 『息吹』(테드 창, 《숨》), 大森望 訳, 早川書房, 2019.
- テッド・チャン, 『あなたの人生の物語』(테드 창, 《당신 인생의 이야기》), 浅倉久志 外 訳, 早川書房, 2003.
- ブライアン・W・オールディス, 『地球の長い午後』, 伊藤典夫 訳, 早川書房, 1977.
- 手塚治虫, 『火の鳥 未來編』(데즈카 오사무, 《불새: 미래편》), 初出: 『COM』, 1967-1968, 단행본 다수, 그 밖에 「黎明編」, 「ヤマト編」, 「宇宙編」, 「鳳凰編」 등.
- 영화 〈고질라〉, 혼다 이시로 감독, 1954.
- 영화 〈신 고질라〉, 안노 히데아키 총감독, 2016.
- TV 애니메이션 〈마법소녀 마도카☆마기카〉, 신보 아키유키 감독, 2011.

우주의 시간

- グレッグ・イーガン, 『クロックワーク・ロケット』(2015), 『エターナル・フレイム』(2016), 『アロウズ・オブ・タイム』(2017), 山岸真/中村融 訳, 早川書房.
- オラフ・ステープルドン, 『スターメイカー』, 浜口稔 訳, 国書刊行会, 2004.
- オラフ・ステープルドン, 『最後にして最初の人類』, 浜口稔 訳, 国書刊行会, 2004.
- 영화 〈인터스텔라〉, 크리스토퍼 놀런 감독, 2014.
- 영화 〈콘택트〉, 로버트 저메키스 감독, 1997.
- TV 드라마 〈스타트렉〉, 1966.

옮긴이_ 김정환

건국대학교 토목공학과를 졸업하고 일본외국어전문학교 일한통역번역과를 수료했다. 21세기가 시작되던 해에 우연히 서점에서 발견한 책 한 권에 흥미를 느끼고 번역의 세계를 발을 들인 후, 현재 번역 에이전시 엔터스코리아 출판기획 및 일본어 전문 번역가로 활동하고 있다. 공대 출신 번역가로서 공대의 특징인 논리성을 살리면서 번역에 필요한 문과의 감성을 접목하는 것이 목표다. 옮긴 책으로 '재밌어서 밤새읽는' 시리즈,《그림으로 보는 상대성이론》,《세계사를 바꾼 화학 이야기》,《시간은 되돌릴 수 있을까》,《세상을 바꾼 질병 이야기》,《모든 것에 양자가 있다》 외 다수가 있다.

감수_ 강형구

서울대학교 인문대학 철학과에서 과학철학을 공부하고, 서울대학교 자연대학 과학사 및 과학철학 협동과정에서 과학철학자 한스 라이헨바흐를 중심으로 하는 논리경험주의 시간과 공간 철학을 주제로 석사 및 박사 학위를 받았다. 현재 국립목포대학교 교양학부 과학기술철학 전공 조교수로 재직 중이다. 지금까지 《나우 : 시간의 물리학》(공역),《시간의 물리학》 등 8권의 과학철학 책을 번역했으며, 총 16편의 과학철학 학술논문을 학술지에 게재했다.

시간이 흐른다는 착각

초판 1쇄 인쇄 2025년 8월 11일
초판 1쇄 발행 2025년 8월 27일

지은이 | 요시다 노부오
옮긴이 | 김정환
감　수 | 강형구
발행인 | 강봉자, 김은경

펴낸곳 | (주)문학수첩
주소 | 경기도 파주시 회동길 503-1(문발동633-4) 출판문화단지
전화 | 031-955-9088(대표번호), 9532(편집부)
팩스 | 031-955-9066
등록 | 1991년 11월 27일 제16-482호

홈페이지 | www.moonhak.co.kr
블로그 | blog.naver.com/moonhak91
이메일 | moonhak@moonhak.co.kr

ISBN 979-11-7383-012-9 03420

*파본은 구매처에서 바꾸어 드립니다.